什么是什么 德国少年儿童百科知识全书

宠物天地

[德] 海恩茨·色勒曼 等 / 著
[德] 莱纳·茨格 / 绘
王勋华 / 译

长江出版传媒 | 湖北教育出版社

前 言

自孩提时代起，我就非常喜欢动物，它们给我带来了许多快乐的回忆。非常荣幸能够通过本册《什么是什么》和大家一起分享我的快乐，并希望能够借此为改善人类和动物之间的关系略尽绵薄之力。本书将会告诉大家：究竟什么是宠物？为什么人们要饲养宠物？应该怎样饲养宠物？宠物都有哪些习性和需求？但是，其中最重要的是：宠物会有哪些行为？为了更好地与宠物共处，人们应该怎样对待它们？通过本书，希望能有更多的年轻朋友热爱动物，关爱大自然。正是因为大多数人对大自然漠不关心，才会使我们赖以生存的地球环境日益恶化，而且由此导致的恶果不仅使环境遭到破坏，甚至使我们人类自己的健康也受到了极大的损害。同为地球上的居民，人类应该与动植物和平共存，而不应为了满足我们自己的私欲，使它们遭受折磨甚至是灭顶之灾。由于人类对动物知之甚少，许多宠物都生活在痛苦和不幸之中。希望通过本书使它们的生存环境得到一定的改善，也希望借此减少这种悲剧的发生。在 5 岁的时候，我曾将我的第一只宠物——一只树蛙关在果酱瓶中。现在回想起来，仍对自己的幼稚行为带给那只树蛙的伤害感到万分歉意。那时的我还不理解，饲养动物其实还意味着一份对生命的责任感，也可以说是一份对地球环境义不容辞的责任。

时至今日，我们不仅认识到人类对地球环境的巨大破坏，而且还亲身体验到了这些人为破坏带来的恶果。倘若人们不立刻停止对地球肆无忌惮的强取豪夺，以及毒害和毁灭性的破坏，那么要不了多久，我们就一定会对我们的所作所为追悔莫及。对于年轻的一代而言，他们必须尽量避免再犯我们犯过的错误，而我也希望本书能对此有所裨益。

海恩茨・色勒曼

图片来源明细
Okapia图片社(法兰克福)：12，14，18上，19中，20上，28右中，29上，32，40，42左中；
Wildlife图片公司(汉堡)：6，7，8，9，13，16，18右下，18中右，20下，22，23，28下，29左中，30，31，34左下，37，39，41，42上，42右中，42左下，46右上，47上，47右中，48；
ZEFA图片公司(杜塞尔多夫)：10，11，18，19右下，24，25，27，33，34中，34右下，35，36，37上，44，46左上，46下，47左中。
插图绘制：莱纳・茨格
封面图片：视觉中国

目　录

一对桃面爱情鹦鹉

孩子们和宠物
会成为好朋友

业余爱好——与宠物玩耍

家畜和宠物有哪些区别？

农民饲养的牛、马、猪、绵羊、山羊、鸡以及其他牲畜，包括猎人们最忠实的伙伴——猎狗，配合警察和海关工作的缉毒犬，以及导盲犬，我们将它们都称为家畜，谷仓中捕鼠的猫，养蜂人驯养的蜜蜂均属此列。家畜都有它们的实用性，在我们的日常生活中，它们承担着各种不同的任务：帮助我们生产粮食，保护我们的人身安全，做我们的好帮手或者为我们赚钱。

然而，宠物则不同，人们饲养宠物是因为它们十分可爱，能够给我们带来快乐。例如，水族箱里色彩绚丽的孔雀鱼，鸟笼中美丽的虎皮鹦鹉，饲养箱中古怪的彩色蜥蜴，或者是可爱的小白鼠。但是，我们最喜爱且最常饲养的宠物则是猫和狗。

许多家畜和宠物都是由人类饲养长大的。因此，它们从未在大自然中生活过。比如狗，它们都是由野狼驯化而来的。

数千年之前，人们就将小狼带回家驯养，可能是想将它们养大后

宠物饲养

在德国一共生活着大约1亿只宠物，其中包括500万只狗，630万只猫，800万只宠物鸟，400多万只其他小动物，例如仓鼠、荷兰猪以及矮兔，除此之外还有超过8 000万条观赏鱼生活在300多万个水族箱中。在德国，每三个家庭中就有一家饲养着宠物，因此宠物业也成了德国的一项专门产业，负责为宠物生产饲料和必需品。

吃掉。但是，这些凶猛的野兽竟然逐渐变得温顺听话，它们适应了人类，和他们生活在一起，并且在人类的庇佑下繁衍生息。

在驯养过程中，人们对其进行了甄选——留下相对而言体形较小，比较温驯的，或是那些皮毛浓密的，嗅觉灵敏的，而这些特性则被它们的后代或多或少地继承了下来。因此,在漫长的生物进化史中，狗所演变出来的种类是最多的——矮脚犬，温驯的哈巴狗，有着柔软皮毛的松狮犬，还有嗅觉超群的牧羊犬，它们都是这个庞大家族中的成员。

人们把这种长期的按照动物的某些特性，进行甄选繁育的过程称为驯养。通过这种驯养，野马逐渐变成了神骏的坐骑，或是可爱的小型马。野猪被驯养成生长速度较快的家猪，为人类提供肉食。野鸡也被驯化成了产卵量更大的家鸡。野生的金丝雀能变成笼中歌手，也是驯养的成果。拥有厚实的纯白色皮毛的安哥拉猫，也是野猫经过多次配种演化而来的。很难想象，相貌平庸的家鸽，竟然是从身披霓裳羽衣的野鸽驯养而来的。

宠物其实是一种奢侈品，因为它们并非人类生活所必需的。温驯的小狗，拥有珍贵皮毛的猫，色彩缤纷的鸟儿，形态奇特的鱼儿，都是人类出于自己的偏爱而培育出来的玩物。

驯　养

驯养者的配种行为最终会影响到宠物的相貌，但是它们的自然特征不会被改变。

其实，猫也是驯养的随机产物，它的起源可以追溯到人们驯养垂耳动物过程中的一个小错误。曾经有人尝试将耳朵下垂的雄性野猫和雌性野猫进行配对，它们所产下的小猫中就会有一部分也生有垂耳，然后再将这些生有垂耳的小猫进行配对。这样，"垂耳"这一体征就会在它们的后代身上保存下来。于是，一个新的物种就此诞生了。

谁最先驯养宠物?

众所周知，最早驯养宠物的是中国人。我们培育出了世界上最古老的矮脚犬，即被昵称为北京宫廷犬或京巴犬的矮脚犬类。但是，对于培育这种犬类的具体时间，我们就无从得知了。唯一的证据是几具4 000年之前以狗为原型的铜像，它们与今天我们看到的京巴犬极其相似。在唐代，即公元7世纪至10世纪，只有皇宫里才能摆放这些狗的铜像。谁胆敢盗取这些铜像，将会被处以死刑。

金鱼也是在中国古代被培育出来的。在那时，中国人就已经发

人们对金鱼进行人工培育，得到了许多自然界中没有的新奇品种

小小的宫廷犬勇敢地向着巨大的恶龙狂吠，试图将其赶走

今天，我们看到的京巴犬与中国宫廷犬十分相像

现鲫鱼和鲤鱼的变种在形态和体形上差别很大。人们发现银色鲫鱼中总会有一两条带有黄色或红色的彩斑。最早的有关培育金鱼的记录，是在1 000年之前的宋朝。从这些古老的文字记载中我们得知，宋朝人将这些长有彩斑的变种鲫鱼与鲤鱼混养在一个池塘中，再经过长时间的耐心培育，才得到了为数不多的红黄相间或黄白相间的金鱼，然后继续进行甄选和配种，才生成了形态各异的金鱼，例如样貌奇特的罗袍尾、龙睛鱼、彗星尾和狮头金鱼。

购买宠物前人们需要具备哪些常识?

饲养宠物是一件很快乐的事，但是需要花费不少时间。人们必须给它们喂食并照料它们。饲养大型宠物比小型宠物花费更多。如果家里养了狗，就必须花时间遛狗，和它玩耍。家里有水族馆或者饲养箱的宠物爱好者，则必须每天花时间进行打理。为了能更好地照料自己的宠物，人们必须对它们有足够的了解。而这些知识我们可以从书本中获得，或是询问其他饲养宠物的人。但是，首先人们必须自问：我是否每天都有一到三个小时的空闲时间呢？根据宠物的种类，这已经是饲养宠物所需的最少时间了。如果你对宠物感到厌烦了，切莫轻易将它遗弃，不去管它。

饲养宠物并不便宜，尤其是饲养纯种宠物。但有时宠物的价格并非是绝对因素。许多动物的价格很便宜，甚至是免费的，例如可爱的杂种狗或是小猫。但是它们都需要饲料，需要睡觉的地方——小房子、盆子或者笼子，需要护理药

如果可能的话，最好将金鱼养在点缀有石块和植物的水族箱内，这种生活环境比左图中的鱼缸要舒适得多

纯种动物是指那些通过人工精选优良动物个体进行配种而培育出的后代。它们有独特的特征，而这些特征将会一代一代地传承下去。例如，腊肠犬的遗传特征就是它们长长的背脊和弯曲的腿。而暹罗猫都有蓝色的眼睛和发亮的皮毛。

水，有时还必须带它们去看兽医。在德国养狗的人还必须支付一定的税款。

饲养动物还必须有足够的空间。出于天生的动物野性，它们都不喜欢成天窝在家里。宠物们都需要玩耍的地方，否则它们将会情绪低落，失去活力。尽管如此，还是有许多鸟儿、兔子以及饲养箱中的宠物必须长期呆在一个狭小的地方。

德国的《动物保护法》规定：动物饲养人必须保证他们的宠物拥有足够的活动空间。由于过失导致动物遭受痛苦，患上疾病，或是受到伤害的行为都将受到相应的处罚。

不要虐待动物

许多宠物都被人们养在家中，它们一生中的大部分时间都是在笼中度过的。因此，饲养人的房间必须足够宽敞。

国际动物饲养协会确定了每个动物物种最受大众欢迎的外型，根据这些标准在动物展会上对动物进行估价。然而，令人遗憾的是，许多协会只是追求动物美丽的或是奇特的外貌，而忽视了动物的身体是否健康。此外，智力和温驯的性格也是它们的价值。

一只小兔子呆在狭小的笼子里，没有足够的活动空间

哪些人可以饲养宠物?

每个人都有权饲养宠物，但是前提条件之一是：不得因为饲养宠物而给他人造成负担，或者带来危害——例如噪音，难闻的气味或者是动物引起的传染性疾病。

对于那些并非住在自己的独立住宅中，而是居住在租来的房子里的人，如果他们想要饲养宠物，就必须经过房东的同意。

如果你只是想养几条鱼，一只鸟或是一只小仓鼠，一般不会受到刁难。但是，许多租房合同中明文规定：禁止养狗或是养猫。在这种情况下，你只能通过友好的磋商，才有可能获得房东的同意。经过房东许可或是宠物安静温驯，而房东也无异议，租户就有权饲养宠物。只有在一些特殊情况下，例如：宠物狗不停地大声吵叫，宠物太过肮脏或是饲养的宠物有可能会伤害人类，房东才可以以这些“重要原因”为由，取消租户饲养动物的权利。

哪些动物不适合作为宠物?

小狮子、小猴子、小熊、小野猫都是十分可爱的动物，在动物园中，它们非常受孩子们欢迎。有些人希望在家中饲养这些小动物，但是实际上这是错误的，因为它们会很快长大，而且会变得非常危险。毒蛇和大鳄鱼也不适合作为宠物来饲养。

一些动物商店会出售来自遥远国度的动物，并称其为“异种”。请大家千万不要购买这些可怜的动物，因为这些野生动物非常敏感，是非常难以饲养的。

在运输途中，它们已经饱受折磨，如果之后又被卖作宠物，那它们就又不得不遭受“牢狱之灾”。这些野生动物大都名列“红色名单”之中，也就是说：它们都属于受到威胁或者濒临灭绝的物种。《濒危野生动植物国际贸易公约》试图将这些可怜的动物纳入其中，禁止人类猎捕和出售这些动物。

尽管如此，走私受保护的动物的行为还是屡禁不止。偷猎者穿越原始丛林，希望能找到珍稀的野生动物，如鸟类、爬行动物、昆虫以及鱼类的踪迹，并对其进行猎捕。许多地方的珍稀动物已被捕杀殆尽。而被捕获的每 10 只动物中只有两到三只被售出，因为大部分都在捕猎和运输途中死去。

当然，也有一些来自异国他乡的动物物种，是经过人工繁育而来的。它们并非是从野外捕获而来，因此买卖这些动物是合法的。如果人们想购买这些动物，如鱼、鸟类或者爬行动物，则必须要求销售商出具一份证明，以确定该动物是人工繁育的。

运输途中，蓝黄金刚鹦鹉被放在狭小的笼子里（上图），而澳洲白鹦则被捆成一卷锁在行李箱中（下图）

将野生动物如图中的白毛长臂猿当作宠物来饲养，是违反其种群生活习性的，这实际上是对它们的虐待

即便是土生土长的本地野生动物，人们也不可随意猎捕并放在家中饲养，因为许多鸟类、爬行动物和两栖动物，只有在大自然的保护下才能生存，而且它们其中的大部分已经濒临灭绝了。

CITES 是《濒危野生动植物国际贸易公约》（Convention on International Trade in Endangered Species of Wild Fauna and Flora）的缩写，它是一个关于限制濒危野生动植物国际贸易的协定。它于 1973 年制定，截至 2016 年已有 183 个国家及地区参与其中，并将其以法律形式确定下来。

从哪儿可以得到宠物？

人们经常将小动物作为礼物赠送给亲戚朋友。在德国，许多报纸和杂志上都有“动物市场”专栏；一些人将他们饲养的宠物的幼崽免费送给好心的收养人；年满 6 周岁的孩子，就可以在宠物店购买宠物，但是最好是在有这方面经验的成年人和朋友的陪伴下进行选择购买。服务周到的宠物店不仅出售宠物和配件，还会为顾客提供免费的专业咨询。

与宠物一起生活

购买宠物时应该注意些什么?

在将一只宠物带回家饲养之前，人们必须对它的生活习性和需要有一定的了解，因为每一种宠物都有其独特的生活习惯、行为方式和饮食习惯等。

在购买宠物之前，最好向朋友或者专业人士做个咨询，看看专业书籍，或者在网上查查相关的资料。另外，你也可以去宠物展会、宠物店、动物园或者动物收容所进行咨询。这样，你才能及时地掌握相应的信息，例如该做些什么准备，宠物的市场价大约是多少，还需要购置哪些配件或装备，这样你才能买到适合自己的宠物。

是否还有一些宠物是仅供观赏的呢？当然！比如观赏鱼、文鸟、老鼠、蝾螈、青蛙均属此列。

但是，那些会学人说话、唱歌的鸟儿，例如金丝雀、虎皮鹦鹉，或者其他种类的鹦鹉，或者鹩哥，它们就不是仅供观赏的鸟类。而荷兰猪、兔子和金仓鼠则是比较适合

西高地白梗犬是一种小型犬，也是非常适合孩子们的宠物狗

人们爱抚和搂抱的宠物。某些啮齿类动物，如仓鼠，习惯于在夜间活动，白天它们一般都呆在小房子里不出来。因此，想要观察它们的活动，最好是在傍晚时分。此外，我们都知道，狗和猫这两种宠物，能够和人类建立起最亲密的关系，并成为人类最好的朋友。

饲养宠物时应该注意些什么？

初养宠物的人，最好从饲养一只宠物或者几只好养的鱼开始。这样才能慢慢积攒经验，然后才能逐渐适应那些需要精心打理的宠物，或者同时饲养多只宠物，从而成为一名合格的宠物饲养者。

每一只宠物都必须得到精心的照料。噪音或过激的动作都会使它们受到惊吓。刚开始的时候要注意，在它们需要的时候为其创造一个安静、舒适的环境。如果你真的对宠物进行了细心的观察，就会很快知道它们有什么需求。千万不要强迫宠物和你玩耍！夜间活动的宠物，例如金仓鼠、老鼠、蝾螈和乌龟，它们大都在白天睡觉，所以在白天最好不要打扰它们。所有宠物都必须保持洁净。污秽、食物残渣、过于狭小的生存空间都会导致它们患上疾病，或者滋生寄生虫。

对于狗和猫，这些可以经过训练学会在室外大小便的动物，人们应该训练它们养成这种习惯——而有时这个训练任务往往由它们的母亲代劳了。

动物都想拥有自己的一片领地，这样它们才会有安全感：例如狗有它睡觉的安静角落；猫有它最喜爱的一块地方。即使是更小的动物，也需要拥有它们自己的领地。它们需要点缀有植物的水族箱或饲养箱，或者宽敞的笼子——有些鸟类甚至还需要一个可供它们自由飞翔的房间或鸟舍。最主要的一点是：给予动物们足够的活动空间。有些动物，例如来自温暖国度的动物，它们需要持续地供暖。乌龟只有经常晒晒太阳，才能保持健康。蜥蜴则必须经常接受红外线照射，以保持体温。体形较大的动物就必须经常跑步，而像

宠物每天都需要关心和照料

人和动物的体形必须相匹配。体形较大的狗会将小孩子拖着向前走，而且它也不会接受小孩子作为它的主人

荷兰猪和乌龟这些小动物，每天也需要进行一定的活动。

怎样正确地给宠物喂食？

动物每天都需要与它们饮食习惯相适应的食物，只有这样它们才能健康快乐，生机勃勃。有些动物是食草性动物，例如虎皮鹦鹉、普通鹦鹉、雀类和老鼠就只吃种子和水果，还有兔子也只吃蔬菜、水果。狗和猫就必须以肉类为主食，所以人们就需要在肉店或鱼店为它们购买食物。一些鸟类，如鹩哥或中国夜莺，抑或是青蛙和乌龟，就必须投以活的食物，例如黄粉虫、蟋蟀或者其他小虫子。人们专门饲养这些小虫子作为小动物们的食物，这些小虫子在宠物店就可以买到。在购买宠物饲料时，最好咨询一下专业人士，究竟自己家的宠物吃哪些

正确的牵拉方法

即使是金仓鼠和老鼠这些小动物也会咬人和挠人，但是不要因此而感到太过吃惊。然而我们需要注意的是，在将手伸进笼子之前，一定要向笼子的“主人”预先打个招呼，因为这里是它的家，在这里它必须时刻感觉到舒适和安全。如果母兽身边有幼崽，请千万不要去触摸她，因为她会将这些触摸动作，都当作是对她的孩子的攻击而发起反击。动物不是玩具，人们不应根据自己的喜好和心情随意对它们呼来喝去。特别是在牵拉和搂抱它们的时候，要注意使用正确的方法，以避免将它们弄疼。

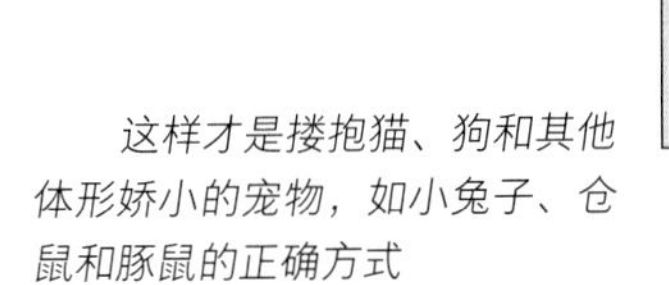

这样才是搂抱猫、狗和其他体形娇小的宠物，如小兔子、仓鼠和豚鼠的正确方式

饲料最好。宠物店甚至一些超市，都为宠物们准备了成品食物，既方便又安全。这些成品食物中包含了动物每天所需的营养成分：蛋白质（在肉类、鱼类和牛奶中都含有丰富的蛋白质）、脂肪和碳水化合物（米、面、燕麦及其他农作物中都含有碳水化合物）。除此之外，还含有维生素、矿物质和微量元素，这些都是人和动物所必需的物质。

我们在饲养宠物时，不能让它们营养不良，也不能营养过剩，否则就会对它们的健康造成一定的损害。喂食太多会使宠物过于肥胖，如果没有达到一定的活动量，那么它们就会患上高血压，它们的血液循环系统就会受到影响。人类也是一样，如果吃得太多，运动得太少就会患上营养过剩引发的疾病，从而导致过早的死亡。例如，成年的狗和乌龟，就应该在保证它们营养的情况下每周节食一天，这对它们的健康很有好处，而且可以延长它们的寿命。喂食时，一定要按时按量，规律性地喂食。这种喂食方式，也会培养宠物良好的进食习惯。没有吃完的食物最好不要放太长的时间，否则就会滋生寄生虫和苍蝇卵。这对于人类和动物来说都是非常有碍健康的。

我们不能让宠物吃得太多，否则它们会长得很胖，并因此患上疾病

对于大部分宠物来说，市场上都能买到为它们专门生产的成品宠物食品

什么情况下应当去看兽医？

购买狗或者昂贵的纯种猫之前，最好把它们带到兽医那去做个检查。如果体检证明它们有疾病或缺陷，最好不要购买这样的宠物。

兽医会检查动物的健康状况，并为其治疗疾病。作为专业人士，他们都知道是否应该给动物，特别是猫和狗接种流行病疫苗，以及什么时候为它们接种，例如犬瘟热疫苗、猫狗流行病疫苗，以及狂犬病疫苗。此外，还应该给猫做绝育手术，否则它会一年生好几窝小猫，那么你家就会没有足够的地方给它们一家居住。我们经常不知道如何

寄生虫

寄生虫不仅让人讨厌，而且对于动物来说是非常危险的。一些寄生虫寄生在动物体表，而有些生存在动物体内，例如动物的内脏中。但是无论是体表，还是体内的寄生虫都有一个共同点：它们都将动物身体的一部分，作为它们的食物和庇护所。例如，动物的毛发、皮屑、血液或者肠道内的残留物。

寄生在动物体表的寄生虫有：跳蚤、虱子、食毛目的寄生虫、吸血的扁虱，以及寄生在动物皮肤上的真菌和螨虫。

寄生虫的危害

动物体内最主要的寄生虫是蛔虫和绦虫。如果动物体内的寄生虫过多，将会使动物变得很虚弱，甚至会使动物因为一些小病而死亡。而对于某些动物（如观赏鱼），如果它们体内有寄生虫，则会引起它们体形的变化（脊柱弯曲）。

判断一些小宠物是否生病了。其实灰黯的或者流泪的双眼，流口水或者流鼻涕，杂乱无光泽的皮毛，掉毛（正常的脱毛除外），长期食欲不振，剧烈的咳嗽，便血或者感觉到疼痛，这些都有可能是它们生病的警示症状。当宠物出现明显的病症时，例如发生了车祸或中毒事件、痉挛，发热引起的血液循环系统紊乱，急性瘫痪和难产，就必须

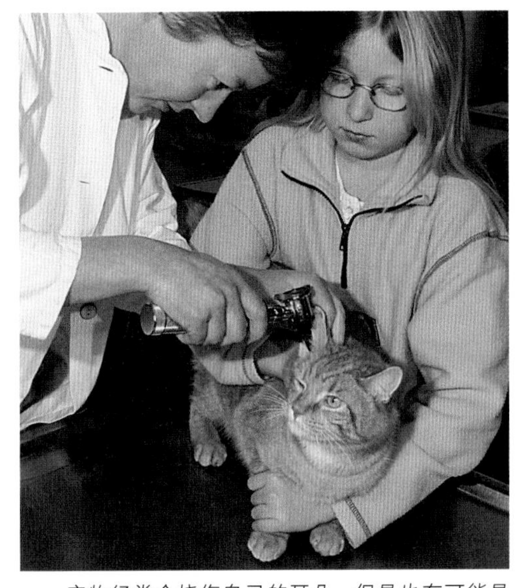

宠物经常会挠伤自己的耳朵，但是也有可能是由于螨虫造成的伤害

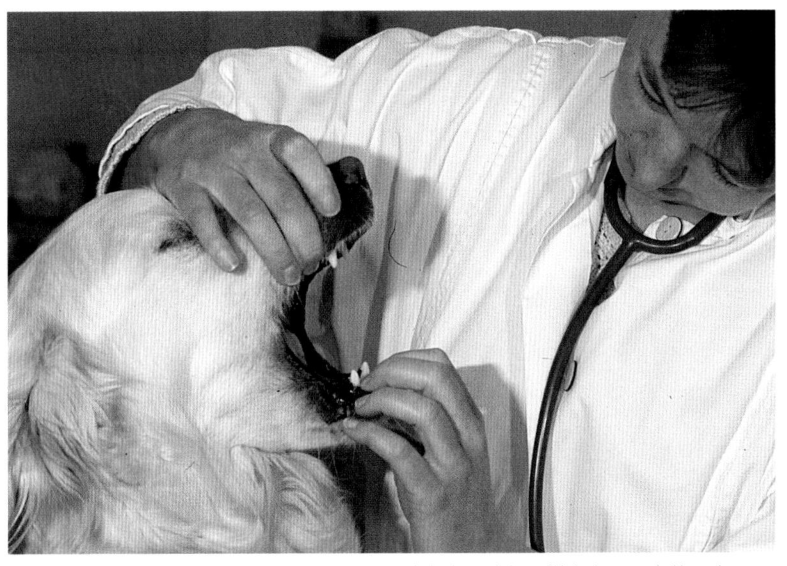

如果你的宠物狗突然食量大减，很有可能它也和我们一样患上了牙疼的毛病，这时就必须立即就医

立刻就医。在一些城市，即使是节假日，也会有兽医急救站为生病或受伤的动物提供救治服务。最好在电话簿里将急救电话标出来，以备不时之需。

传染的危险

动物很少会将疾病传播给人类。但是我们还是必须注意以下几点基本准则：不要让宠物舔你的面部，也不要亲吻它们，吃饭前切记要洗手。必须让你的宠物保持健康洁净。猫和狗必须定期接种疫苗并除虫。

旅行时是否可以携带宠物?

如果度假地允许携带宠物，而且配备有完善的设施，你就可以用家里的笼子带上你的宠物一起上路，例如荷兰猪、兔子、金仓鼠或者小型的笼养鸟（如金丝雀或虎皮鹦鹉）。但是，必须注意的是：许多动物对于穿堂风和气候变化非常敏感。犬类非常喜欢旅行，而大多数猫则正好相反，都非常讨厌来到陌生的地方。

如果你一定要带着你的猫旅行，就一定要训练它们适应项圈和链子，因为如果它们在陌生的环境里走丢了，就很难再找回来。当小猫还在10到12周大的时候，就必须训练它们适应项圈和链子，否则等它们长大了，就根本不愿意受到任何束缚。

外出的时候，宠物们可能需要经常喝点水，吃点东西，最好再带上一件它们比较熟悉的玩具。狗最好每两个小时遛一次。外出时，应该将猫放在一个有盖子的篮子里，此外还必须带上它们的便盆。开车时，无论如何都必须将动物放在后座上。

在欧洲，乘坐火车时，狗只需要买半票。如果没有人反对，就可以将它牵到车厢里。而乘坐飞机时，

大型动物就必须被安置在特制的旅行动物笼里，并作为行李放在货仓中。许多人都很难接受这种做法，但是无论如何我们都应该及时到航空公司办理宠物登机手续。客舱上绝对禁止携带宠物。有些国家甚至严令禁止动物入境。出国旅行前，必须尽早到领事馆、汽车俱乐部、动物保护协会，或者兽医处了解现行的接种条例和健康条例。有些明文规定的疫苗，在旅行前几个月就必须注射。

收容所里的动物。大多数动物收容所都是由动物保护协会兴建的，这需要花费许多财力、人力和物力。而所有这些都是依靠社会各界的捐赠和爱心人士的义务劳动来维持的

让宠物独自在家意味着什么？

对于笼中养的鸟、水族箱中生活的鱼和饲养箱中的宠物，为它们找一个可靠的临时主人并不困难。最好是找那些和自己的宠物非常熟悉的好朋友、亲属或者邻居，来照顾它们。

对于吃谷粒的鸟儿来说，如果鸟笼中装有自动喂食器和饮水器，它们就可以独立生活两到三天。金仓鼠也一样，只要事先给它们准备好充足的胡萝卜、去皮无芽的土豆或者成品饲料就行。如果有需要，人们可以将大型的宠物寄养在动物收容所，或者私人的动物旅馆中，这些地方的地址在网上都能查到，也可以请求兽医或者朋友推荐一个比较好的动物旅馆。人们必须及时登记，并询问旅馆中的条件。最好能细心地检查一下宠物们的临时住处，看看是否有足够的活动空间，环境是否干净卫生，旅馆提供的食物如何，是否有专人照料你的宠物，这些人是否具备专业知识，在紧急情况下他们是否能配合兽医进行治疗。不是所有的动物都能适应环境的改变、与好斗的伙伴共同生活，以及失去它们亲密的主人。它们不知道这种改变只是暂时的，甚至可能会因为离开了主人或熟悉的生活环境而患病。

因主人外出度假而被遗弃在家中的宠物，是非常凄惨的。在旅行之前，有些人就将他们的宠物扔在路上或遗弃在停车场，因为他们已经对宠物感到厌烦了。这种行为应该严令禁止，因为这是一种非常不道德的虐待动物的行为。正是因为这种无耻的行为，动物收容所往往“人”满为患。养一只宠物，就意味着承担了一份对生命的责任。

狗——人类忠实的朋友

狗是人类最早饲养的宠物。大约 1 万年前就有人和狗合葬于一个墓穴中，这正是人与狗之间深厚感情的有力见证。之后，世界各地的人们出于各种目的开始饲养各种各样的犬类，例如猎犬、牧羊犬、看家犬、赛犬或者宠物犬。

什么是狗和人类之间亲密关系的纽带？

在所有的宠物中，只有狗才是人类真正的伙伴。这个原因可以追溯到它们的祖先：狗是由狼演变而来的，而狼是群居动物。狼群是有着严格等级制度的集体。

对于等级比较高的狼，特别是人们称为头狼的，其他的狼必须无条件地绝对服从于它，否则将会立刻受到严厉的惩罚。狼的这种群居生活的习惯，也被狗继承了下来。小狗一来到家中，就会试图与家庭成员建立良好的关系，而且它会对其认定的“一家之主”绝对服从。这种从狼的习性中继承下来的服从强者的个性，使得狗成了最可靠、最忠实的宠物。

狗希望从主人那儿得到什么？

狗都希望知道，它的主人是谁？谁是“一家之主”？而且它们希望在这个“家庭”中找到安全感。狗需要有个家：一个睡觉的地方，水和食物，干净的环境以及悉心的照

狼是狗的祖先

温驯的表情

威吓的表情

攻击性的表情

从狗的眼神、耳朵的位置以及牙齿，我们可以看出它们的心情和意图

料。除此之外，狗还是非常温驯的动物，人们可以训练它们完成各种任务。

狗都很喜欢玩耍，特别是成年的狗，人们总得给它们找点事做，这也是它们的一种游戏方式。一旦狗明白主人不限制它做任何事，它就会来到主人身边，以自己的方式表达自己的需求。

狗是非常好动的动物，它们需要大量的室外活动。玩球、找回木棍（叼回捕获的小动物）或者简单地蹦来蹦去，都是它们喜欢的游戏。按照体形和品种的不同，它们每天都需要一至三个小时不等的活动时间。但是，在户外我们必须时刻注意，因为狗和狼一样，天生就喜欢捕猎小动物。在户外，狗很有可能抓住一只小兔子，或者追逐猫和鸡。这时主人就必须立刻下达命令，让它回来。一天中三分之二的时间，狗都在睡觉或是打盹。如果主人不给它事做或者很少让它活动，那么它就会变得懒惰、肥胖而且闷闷不乐，还会变得更喜欢乱咬，更喜欢狂吠。然而更糟的是，它们会感到非常悲伤。

训练有素而且温驯的狗，人们可以允许它们自由活动。但是，在某些地方（例如自然保护区）就有特殊规定：到了本地野生动物的生育季节，就必须给狗戴上项圈和链子

狗是怎样理解我们要表达的意思的?

经过长时间与人类的共同生活和良好的训练，狗会懂得许多词：它们的名字，重要的命令和其他指令。它们懂得这些话的意义，因为它们经常听到这些词语和指令，并将其与实际情况联系在一起。当然，狗并不是总能听懂主人的话，但是它们能看懂主人说话时的态度：声音大还是声音小，友好的还是恼怒

训 狗

训练狗不在室内大小便相对而言并不困难。即使是狼群也有自己的栖息地和各种专门的活动场所。人们可以在小狗每次吃完饭后，将它带到室外空旷的地方，最好每次都在同一个适合它们大小便的地方，然后等着它们便完，之后再清楚明白地对其进行奖励。如果小狗在家大小便，主人就必须明确地用谴责性的语言对它进行批评，但是必须在它做完坏事后马上进行，因为几分钟之后再去训斥它的话，小狗就根本不记得你为什么突然教训它。

集中注意力的表情

的，奖励的还是批评的。当它们很好地完成了主人下达的命令时，应该给予它们口头的表扬，这会使它们非常高兴！

狗可以根据人们的语调判断他们的情绪：悲伤还是高兴，胆怯还是勇敢。狗只有在感觉到人们惧怕它时才会咬人，而那些不懂狗的语言和警告的人，也会很容易遭到狗的袭击。

狗的“肢体语言”

温驯的样子

想要玩耍的样子

攻击的姿态

怎样选择适合自己的狗？

如果你想要养狗，那么最好先考虑考虑以下几个问题：你想养纯种狗还是杂种狗？你喜欢大狗还是小狗？公狗还是母狗？你想养的狗是不是喜欢小孩？

世界上有 400 多种外貌和性格各异的狗。纯种狗一般都比较昂贵。人们可以从动物收容所，领养一只可怜的没有主人的狗。最便宜的是杂种狗，即不属于某一特定品种的狗。有时，你还会免费得到一只杂种幼犬，因为它的主人没有精力饲养它。杂种狗可能比纯种狗更聪明，更友善，但是它们的性格和能力如何，最终还是取决于主人的训练方式。

是否有足够大的活动空间也是一个重要的问题：体形较大的狗就不适合生活在小房子里，除非主人有很多时间陪它在室外玩耍。在挑选幼犬时，大家应该弄清楚：长大后它们的体形究竟会有多大？你如果仔细观察一只小狗，就不难弄清它的行为方式，而这些行为方式又

愉快的期待

决定了，这只小狗长大后是比较活泼还是比较安静，是比较热情还是比较冷淡。对于想要养狗的人来说，必须先想好，自己究竟想要一只公狗还是母狗。一般来说，公狗不是很好训练，它们都遗传了公狼的某些特性，例如用尿标记它们的势力范围。相对而言，母狗就没有这些行为习惯，而且训练起来也比较容易。但是母狗每 6 个月就会有一次发情期，这时可以让它们和公狗交配，生育后代。如果有的母狗没有发情的征兆，很可能就没有生育能力。出现这种情况时，主人最好咨询一下兽医。

购买纯种狗的顾客，可以得到一份由卖方开具的纯种狗族谱证明

适合孩子养的狗

一般来说，5 岁大的孩子才可以养宠物。而最适合孩子的品种狗有：刚毛腊肠犬、拳师犬、西班牙犬、比格猎犬以及长卷毛狗和某些梗犬。

犬　种

圣伯纳犬

拳师犬

中国犬（中国冠毛犬）

约克夏梗犬

大麦町犬

德国獒犬

小型贵宾犬

刚毛腊肠犬

杂种犬

猫——缠人又独立的宠物

为什么猫被称作“独行侠”?

家猫的祖先是野猫，但是欧洲猫的祖先并非是本地的森林野猫，而是北非和中东的野猫。无论是公猫还是母猫，都会划分自己的地盘，夜间它们就会在这里进行猎食活动。只有在交配季节，它们才会允许别的猫进入自己领地。而欧洲的本地森林野猫，也会划分自己的地盘。野猫比家猫更大，更强壮，而且毛发更浓密。但是，家猫也可以和野猫杂交。即使是家猫也还保留着“独行侠”的个性。它们不像狗那样和人类异常亲密，但是它们也是非常温驯、非常缠人的宠物。猫绝对是非常优秀的猎手，它们最喜欢在晚上捕食鼠类。行动时它们收回爪子，因此走起路来悄无声息（这一点狗却做不到，它们走路时会发出“咔咔”的声音）。它们会贴着地面匍

一只欧洲森林野猫在巡视它的地盘

历史中的猫

大约在公元前 3 世纪，埃及人和小亚细亚人就已经将猫驯化了。在那时，猫被奉为非常神圣的动物。人们为它们修建了宏伟的神庙，并在它们死后将其制作成木乃伊。谁如果杀死了一只猫，将会受到极其严厉的惩罚。之后，猫从埃及来到了意大利，然后又在北欧安家落户。不过在这些地方，它们不再是圣兽，而只是捕鼠能手。

这只有着红色虎纹的猫正看着摄影师，它的胡须呈扇形向前方伸展开来

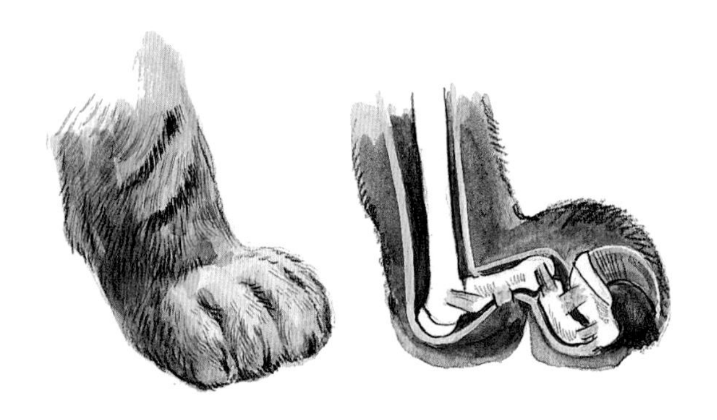

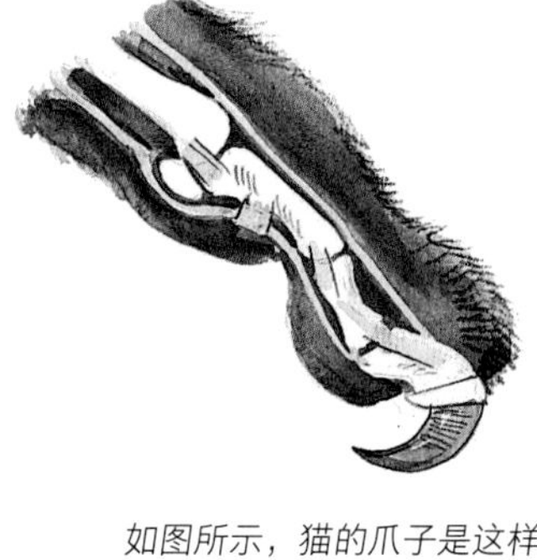

如图所示，猫的爪子是这样抓挠的：左图显示的是猫爪收紧的样子，右图则是其伸展开来的样子

匐而行，慢慢靠近猎物而不会使其察觉丝毫。猫有着作为食肉动物的最佳体形。它们可以灵活地穿越灌木丛，利用它们强有力的弹跳轻松地越过高高的障碍物，还可以轻易地爬上树、屋顶和墙。猫都是独来独往的，它们从不互相依赖，只是守着自己的地盘。

猫需要什么?

猫有时也喜欢和人亲昵。当它们兴趣来了，就会想被人搂抱，这时你可以挠挠它，抚摸它，而它则会发出呼噜呼噜的声音，告诉你它很舒服。但是，一旦它享受够了，就会一跃而起，调头离开。

猫都喜欢找暖和的地方呆着。作为来自温暖国度的野猫的后裔，它们非常喜欢享受阳光浴，或是呆在窗户旁边。到了冬季，它们会比较喜欢呆在温暖的角落。

猫和狗一样，也是十分聪明，而且学习能力极强的动物，然而它们却不像狗那样好学。但是，只要是它们真的想学的东西，它们还是会非常努力的。出生 2 个月到 7 个月的小猫，那时它们就学会了所有的生存技能。

狗的学习方法是反复练习，而猫则是由主人告诉它，什么是该做

配 件

为了养猫，人们必须购买很多配件和用品：睡觉的篮子，吃饭和喝水的盘子，猫抓板，梳毛的刷子和梳子，猫的专用厕所，出门看兽医时放猫的篮子以及项圈和皮带。

世界上猫的品种极其纷繁芜杂，左图是一只波斯猫，而右图则是一只暹罗猫和它的两个孩子

有毒的植物

有时候，猫会去吃家中的植物。而有些植物对于猫来说却是有毒的，例如洋常春藤、万年青、杜鹃花、圣诞红以及蓬莱蕉。

捕 鼠

猫必须首先学会如何捕鼠。匍匐前近、跃起、咬住猎物，这些动作在小猫出生后的前几周就已经开始练习了。当小猫长到 5 周大的时候，猫妈妈就会开始教授给它们正式的课程：最开始的时候，猫妈妈会将死老鼠扔

给小猫，让它们闻闻老鼠味道，给它们玩耍一番，最后才将老鼠吃掉。之后，猫妈妈会将活老鼠带回家，当着小猫的面一再将它们放开再抓住。通过观察，小猫们才能学会怎样捕鼠，然后就可以自己练习了。小猫们必须最先学会的是，在老鼠颈部的“致命一咬”。

放松、满足的姿态

威胁、攻击的姿态

防御的姿态

猫的耳朵可以随意转动，这样它们不仅可以收集声音，还可以表达它们的情绪

的，什么是不该做的：在猫抓板上磨爪子，而不要在家具上抓挠；在自己的碗里吃饭，而不要在餐桌前乞讨；可以跳到椅子上，而不许跳到桌子上。猫会很快学会这些生活习惯。之后，它们会学会在固定的时间进餐，绝不会偷嘴；一听到主人叫它们的名字就会跑过来；即使门开着，没有主人的命令，它们也绝不会轻易跑出家门。如果你只是冲着猫叫喊或是斥责，它们是什么都不可能学会的。对于猫来说，卫生习惯基本上不成问题。如果不是太早将小猫从它的妈妈身边带走，它就会很快从妈妈那儿学会不在室内大小便的好习惯。

因为猫总是独来独往的，所以它们都是热爱自由的动物，因此它们最喜欢随心所欲，不受拘束，想去哪儿就去哪儿。它们特别不喜欢被关在某个地方。

因此，当家里没有人的时候，最好将各个房间的门都打开，这样它就可以自由地穿梭于各个房间，到处散步。如果条件允许，最好将大门留一个可供猫儿进出的窄缝，这样它就可以来去自如。

家猫喜欢占据一个安静的、利于观察的制高点，例如可供它们休息的猫抓柱或猫抓板。此外，它们还会在家中寻找多个睡觉的地方，以供它们轮流使用。

猫很容易打理。它们都很爱干净，而且每天都会通过“舔舐”来清洁和整理自己的毛皮。长毛猫的毛皮则需要主人每天花一小时左右的时间，为它悉心梳理。

如果你家养了一只猫，那么就意味着你必须常年承担一份对这只小动物的责任：一只健康的猫的寿命通常为 12 年至 18 年，有的猫甚至可以活到 30 岁以上。

每年都会有许多小猫来到这个世界上，但是其中大部分无人收养。

人们把自行车上可以反射光线的红色或黄色的玻璃称为“猫眼”。为什么人们会这样命名呢？请看这幅图片

而这些可怜的无主猫不是被淹死，就是被打死或者到处流浪。因为它们都是无主的“野猫”，所以不是悲惨地死去，就是被猎人射死。虽然无家可归的家猫，也会被迫浪迹天涯，但是它们绝不会成为真正的按照野生动物的本能狩猎和生存的野兽。

猫的凄惨生活的根源何在?

将与自己朝夕相处的猫遗弃或赶走，甚至是停止喂食，都是非常不负责任的虐待行为，因为这种行为导致的直接后果，就是被遗弃的猫必须开始悲惨的流浪生活。然而，如果在大城市，它们就很难找到足够大的生活空间。

此外，还有许多还没有学会如何捕食的小猫，被人们从它们的妈妈身边带走，抛置在外面，这些小猫只能靠偷盗或者在垃圾桶中觅食艰苦度日。

因此，人们最好尽早为即将出世的多余的小猫，预先找个善良的主人，一旦母猫怀孕，就必须开始着手做这件事。当然，还可以通过动物收容所、网站论坛或登报为它们寻找主人。万般无奈的情况下，就只有将无法处理的小猫送到宠物店那儿卖掉。

如果你不想要小猫，最好的办法是，给猫预先做绝育手术。兽医会给出最恰当的手术时间。每个动物诊所的兽医都可以做这个小手术，但是手术前必须进行麻醉，以免小猫遭受痛苦。为了避免小猫们的痛苦和悲惨的将来，这也是一个简单有效的办法。

许多城市里的家猫，因为被人遗弃而沦为四处流浪的野猫，它们经常疾病缠身、饥肠辘辘，境况凄惨无比

猫眼虹膜的颜色是由猫的品种决定的。有的猫的眼睛是黄色，有的是绿色，有的是橘黄色，而有的则是蓝色。有的波斯猫的眼睛是一红一蓝，在东方，它们被看作是幸运的使者。

猫　眼

以前闪闪发光的猫眼经常会使人受到惊吓。但是，这只是它们为了适应大自然而具有的天生本领，只是为了在黑暗中能更好地看清东西。其原理是猫的眼底有一片可以反射光的薄膜，即照膜。当光线透过视网膜上的视觉细胞，照射到照膜上时，就会被反射回去，并再次透过对光线十分敏感的视网膜区域。因此，猫眼的感光度比人类的眼睛至少要高 6 倍。当然，在绝对的黑暗中，猫也是两眼一抹黑。

夏天，荷兰猪和兔子待在露天饲养笼中，会倍感舒适。为了挡住日晒，笼子的一部分应该安装屋顶。但是，最重要的是必须在笼子里放置一个小房子，以便小动物们能够舒适地休息。兔子喜欢在笼子里刨坑，因此在修建露天饲养笼时，应该特别注意：一定要将笼子的底部埋在地下至少 30 厘米的深处

娇小的啮齿类宠物和兔形目

啮齿类动物

哺乳动物中有一半是啮齿类动物。据统计，现在世界上有 3 000 多种啮齿类动物。人们将其分为三个亚目：松鼠型亚目、鼠型亚目和豪猪型亚目。

怎样饲养啮齿类动物?

老鼠、荷兰猪和仓鼠都属于啮齿目，是哺乳纲中种类最为繁多的亚目。它们的门牙——上颚两颗，下颚两颗——变成了强而有力的凿形啮齿。啮齿弯曲成半圆形，而且可以不断再生。因此，它们需要一些磨牙的食物，例如硬面包、果树的树枝或者狗饼干。

如果你有一个足够大的笼子，里面不仅垫着草垫，而且还有一间温暖舒适的小卧室，玩具，小水瓶和吃饭用的小碗，那么你就可以很轻松地饲养一只啮齿类动物。

大家都知道，荷兰猪是典型的群居动物，只有在它们的小集体内才会生活得惬意。如果你饲养了一对啮齿类宠物，那么你就会很容易观察到它们有趣的日常生活，例如交配、繁殖、养育后代。但是遗憾的是，大多数啮齿类动物都是“夜猫子”，例如仓鼠和老鼠。

一个简单实用的小动物搬运笼，在带宠物看兽医时可以用得上

白天大部分时间它们都在睡觉，只有在晚上它们才开始活动，

但是这时，孩子们往往已经上床睡觉了。

大多数啮齿类动物的寿命都不长，一般都只有两到三年，甚至更短。对它们生命的最大威胁是脏乱的生活环境和穿堂风，因为这些会很容易让它们患上呼吸道疾病。因此，它们的小屋必须安装一些防护设施，而且要保证它们能呼吸到新鲜的空气，并为它们提供良好的卫生条件。

啮齿类动物是杂食动物，我们可以给它们吃成品饲料，青饲料，加餐的水果，但是必须保证它们每天都能喝到新鲜的水。每种动物都需要特别的辅食，这些信息在专业书籍中都可以查阅到。此外，我们还必须保证，它们不会出现营养不良的症状。让宠物熟悉我们的最好方法是给它喂食。刚开始的时候，可以将宠物喜欢吃的食物放在笼子里，就这样不断地为它定时喂食。如果宠物明显对你不信任或者受到了惊吓，那么你可以先用小木勺将食物放在笼子里，等宠物适应了，再试着用手拿食物。吃剩的食物必须拿走或清洗掉，宠物的碗也必须每天清洗。腐坏的食物和不新鲜的蔬菜、水果会使宠物患病。

谁发现了金仓鼠?

金仓鼠大概是最受人们欢迎的啮齿类宠物，它们是鼠类中的一个大家族。金仓鼠也是喜欢独来独往的“独行侠”。野生金仓鼠的原产地是叙利亚的沙漠和荒原。因此，对于我们来说，它们也是异域来客，所以在我们这种气候条件下它们都活不长。

1930 年，一名动物学家在耶路撒冷挖到一个仓鼠的洞穴，并发现了 1 只母仓鼠和 12 只小仓鼠。他将其中的几只带回了欧洲。正是这几只小仓鼠繁衍出了目前数百万只的金仓鼠。人们还培育出了色彩缤纷的仓鼠，它们有金棕色、棕灰色、灰色或者蓝色的皮毛，而白化变异的仓鼠是纯白的皮毛和红色的眼睛，有的仓鼠还有斑点。如果仓鼠

金仓鼠用灵巧的前爪捧着食物

白化变种是指那些毛皮纯白而眼睛为红色的动物。它们丧失了生成一种独特的色素——黑色素的能力。这种色素藏在颜色较深的皮肤下，哺乳动物的皮毛中，爬行动物和鱼的鳞片中，以及节肢动物的外壳中也有黑色素。眼球中虹膜的颜色也来自黑色素。黑色素缺乏症会遗传，根据这一点，人们可以通过人工培育去掉小白鼠生成黑色素的机能。

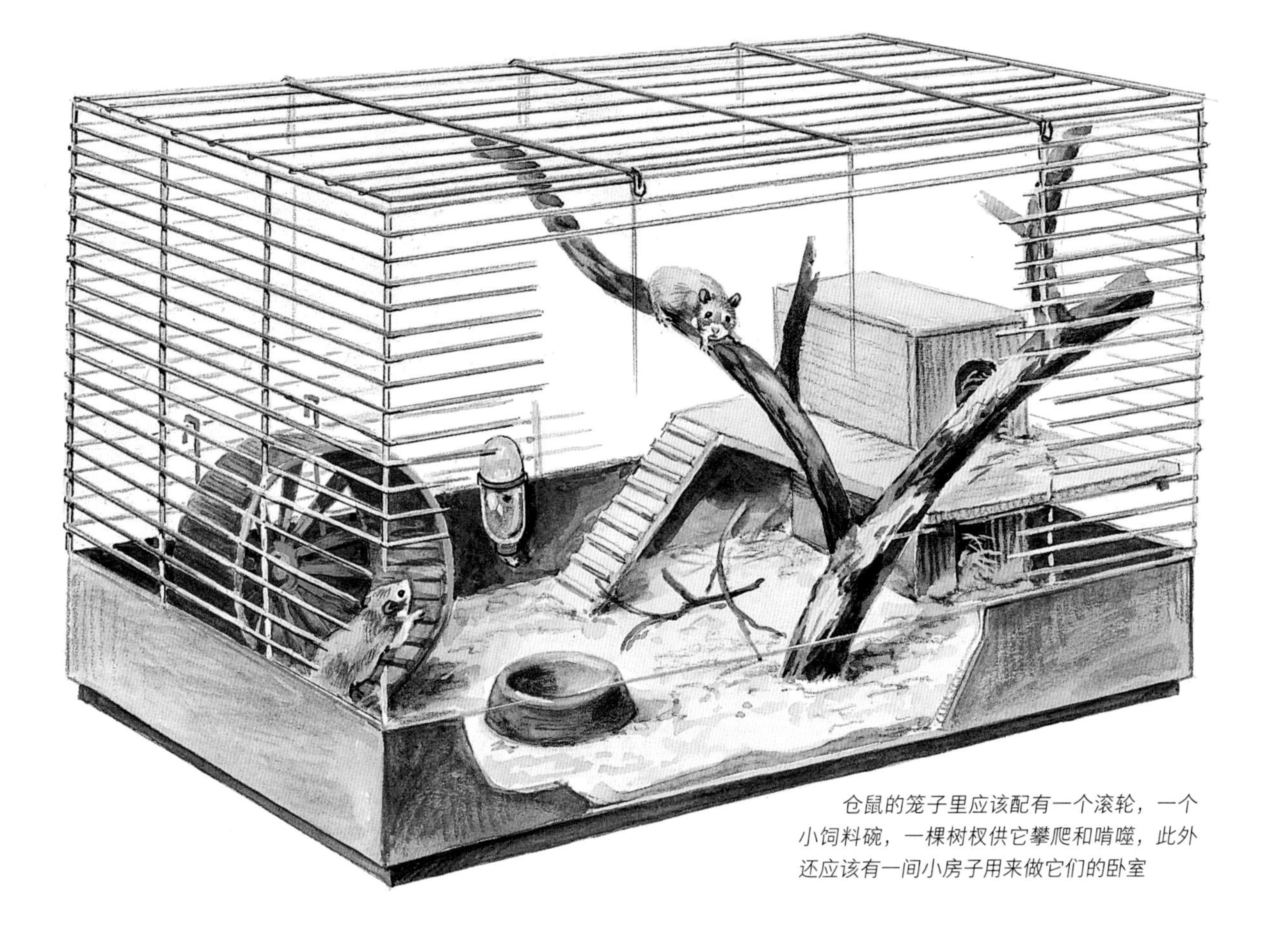

仓鼠的笼子里应该配有一个滚轮，一个小饲料碗，一棵树杈供它攀爬和啃噬，此外还应该有一间小房子用来做它们的卧室

仓鼠的家应该安置在何处？最好不要将仓鼠安置在音乐声很大的，或者有人抽烟或做饭的房间里。

仓鼠的笼子必须足够大！虽然它们体形并不大，但是仓鼠都是好动的动物。当它们在野外觅食时，经常会走很远的路。它们的卧室也不能太小，因为这儿不仅是成年仓鼠的容身之地，也是它们堆放筑巢材料和储藏食物的地方。

熟悉了周围的环境，就可以在傍晚将它们从笼子里放出来，这时你可以带着它们到处走走或者让它们随便跑跑。但是，要特别注意：它们什么都啃，甚至是门和地毯。而且它们非常灵活，如果你一不小心让它们跑丢了，那么失去庇护的仓鼠根本就无法生存下去。晚上，仓鼠都会在滚轮里不知疲倦地跑步——“一直跑到沙漠的另一头”，有时在白天它们也会跑步。仓鼠都是习惯于“储藏”的动物，因为它们都用颊囊运送食物回家。仓鼠的用具都必须保持洁净，它们可受不了家里有怪味。

金仓鼠需要定期做皮毛护理

对老鼠来说，在缆绳上保持平衡是轻而易举的事

老鼠是好奇心很强，而且十分好学的动物

家鼠是怎样生活的?

灰色的家鼠很有可能是，藏在来自伊朗的运粮船中漂洋过海来到欧洲的。长期以来，它们都因偷吃粮食而遭到人类的捕杀。但是近几十年以来，也有人将它们作为宠物饲养在家中。宠物鼠的颜色也是多种多样的：银色、长有斑点的、肉桂色、巧克力色，或者牛奶咖啡色、黑色、淡紫色、亮橙色、红棕色，也有的宠物鼠是毛色纯白而眼睛通红的白化变种。

与仓鼠不同，老鼠都是群居生活的动物。它们也在白天睡觉，晚上则非常活跃，它们跑来跑去，爬上爬下，还会到处挖洞或者在水里游来游去。它们的方向感和嗅觉非常灵敏。它们的群居生活也是非常有趣的。鼠群有非常严格的社会秩序。鼠群的最高权力者是“鼠王”或是众多强壮的公鼠中最为年长的那一只。

鼠群紧密团结在一起，陌生的老鼠要么被咬死，要么臣服于它们，成为它们的伙伴。

家鼠和老鼠一样，是依据气味判断相互关系的。具体来说，同一鼠群中的老鼠对彼此的气味是非常熟悉的。陌生的气味即是敌人的信号。因此，它们的笼子必须保持洁净，否则会影响它们的判断。

两只或两只以上的老鼠才能配对。母鼠一般都比较温顺，但是并不可靠，而公鼠总是富有攻击性。在动物界，老鼠超强的繁殖能力是众所周知的：每年老鼠可以产仔 5 到 6 次，每次都能生出 4 到 8 只光溜溜的、还睁不开眼睛的小家伙。鼠妈妈尽心竭力地照顾她的小宝贝。10 至 14 天后，小家伙们就能睁开眼睛。40 天后，它们就性成熟并开始繁殖养育它们的后代。

遗憾的是，老鼠十分容易患病，有些病即使是专业的兽医也束手无策。即便能无疾而终，老鼠平均也只能活两三年。

家　鼠

越来越多的人开始将家鼠作为宠物饲养起来。它们也是群居动物，即使是在白天，家鼠也相当活跃。它们与主人非常亲密，也很爱干净，而且十分聪明。最好不要只养一只家鼠，因为它们习惯群居生活。所以，一般最少要同时养两只，最好是两只同性鼠，因为它们的繁殖力极强。最好将鼠笼放在卧室里，铺上干草，放几块磨牙石。它们的食物可以是特别为鼠类制作的饲料。

荷兰猪是怎样得名的？

公元16世纪，荷兰人在他们南美的殖民地圭亚那，发现了一种长着柔软的棕白色长毛的小动物，之后将它们带回荷兰送给孩子们，作为他们的玩具。

很快，这种可爱的宠物就风靡欧洲许多国家。德国人称荷兰猪为“小海猪”，因为它们都是漂洋过海来到欧洲的。但是实际上，从生物学的角度来看，荷兰猪和猪没有任何关系，它们只是一种可爱的啮齿类动物。

几千年以来，这种可爱的小动物一直生活在南美洲，主要是在秘鲁。印加人饲养荷兰猪作为他们肉食的来源。野荷兰猪群居在岩石裂缝和山上的岩洞中，它们的主要食物是青草。为了补充维生素，它们也会吃胡萝卜和辣椒。

荷兰猪也在日间活动。一般来说，它们都是非常温驯的动物。它们非常喜欢主人的爱抚，但是有时也会被这种触摸吓到，这时它们会极快地安静下来。早上，人们可以用口哨跟这些小动物打个招呼。如果它们感觉舒适，就会发出呼噜呼噜的声音，或者非常满足地嘟哝两声。如果受到外界的刺激，它们就会发出短促的尖叫。荷兰猪也需要每天进行一定的活动，而不能整天呆坐在笼子里。我们可以让它们自己在笼子里跑，但是要注意：它们什么都咬，因此要特别注意，不要让它们咬到电线，因为这样极易导致这种小动物触电死亡。

日本“跳舞鼠”

千万不要购买日本“跳舞鼠”。因为它们都是不负责任的饲养者遗弃的宠物：这些可怜的小动物都有遗传性的脑损伤疾病。因此，它们会过早地耳聋，并且会不自觉地“跳舞”，正是因为这一点，很多人热衷于饲养这种宠物。这种遗传性脑损伤疾病，还会导致侏儒症和失明，并且会迫使它们以一种独特的方式不停地摇晃头部。

不同种类的荷兰猪，它们皮毛的颜色和图案也千差万别

夏季应该将荷兰猪养在一个合适的露天饲养场中。荷兰猪的外形多种多样，千差万别。其中包括黑色、棕色和白色的直毛荷兰猪，也有身披两种或三种颜色的卷毛花荷兰猪，例如黄色的、棕色的和黑色的。除此之外，还有长有白色厚毛的长毛安哥拉豚鼠。

购买荷兰猪的最佳时间，是在它们只有 5 到 6 个星期的时候。如果你不想买小荷兰猪，将它们慢慢养大，最好就买母荷兰猪或者做过阉割手术的公荷兰猪，或者购买同种性别的荷兰猪。如果你想你家的荷兰猪过得安逸舒服，最好不要只养一只。人类和其他宠物代替不了它们的同伴。

在购买荷兰猪时，应该特别注意：它们的肛门必须是干净的，而且它们的皮毛要有光泽。要选择那些喂养得很好,充满活力的荷兰猪。如果它们的眼睛或鼻子有黏液，或者嘴唇和耳朵比较干瘪，抑或是呼吸时发出呼噜声或呼哧呼哧的声音，这就表明它们着凉了，而这往往是它们死亡的最大诱因。

为什么人们如此喜爱毛丝鼠?

在南美的安第斯山脉，生活着一种啮齿类动物，它们有灰色的柔滑皮毛和蓬松的大尾巴，这就是毛丝鼠。它们的名字“Chinchillas”源于一个名为“Chinchas”的印第安部落，这个部落的印第安人捕捉毛丝鼠为食，并用它们的皮毛做衣服。只有印加人的最高统治者，才可以佩戴用毛丝鼠的皮毛做成的装饰。当西班牙人征服南美洲时，他们认识了这种小动物，并以当地印第安部落的名字为其命名。

正是因为它们价值连城的如丝般柔滑的皮毛，人们才会疯狂地猎捕这种毛丝鼠，用它们的皮毛制作轻裘或毛织品。因此，这种小动物在野外基本上已经绝迹。一般的动物一个毛囊内只会长出两三根毛发，而毛丝鼠却能长出 80 到 100 根！当毛丝鼠的皮毛在欧洲和美国开始流行起来时，“毛丝鼠猎人”就开始疯狂地捕猎这种小动物，每年都有成千上

沙 鼠

蒙古沙鼠不仅在日间活动，也在晚间活动。在广袤的蒙古大草原上，生活着许多这种群居啮齿类小动物。牢不可破的家族观念深植于沙鼠心中，因此如果有陌生的成年沙鼠或者其他啮齿类动物和它们同处一室，它们就会愤怒地对其发动猛烈的攻击！究竟怎样饲养和照料这种小动物，请一定要参照专业书籍中的做法。

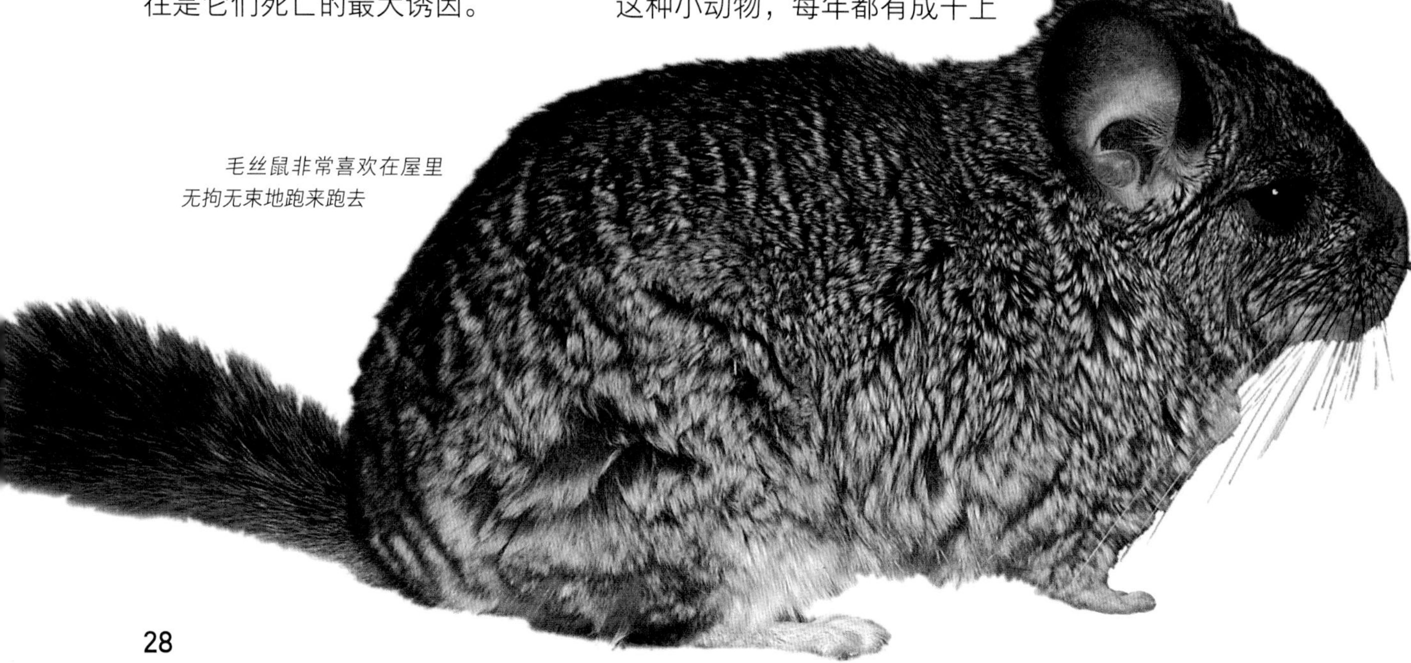

毛丝鼠非常喜欢在屋里无拘无束地跑来跑去

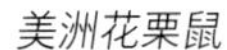

美洲花栗鼠

西伯利亚花栗鼠

万的毛丝鼠遭到捕杀。现在，毛丝鼠属于珍稀保护动物。

1923 年，矿业工程师马塞尔斯 · F. 查普曼，在印第安人的帮助下捕获了 11 只毛丝鼠，并将它们带回了美国，开始进行饲养繁殖。直至今日，毛丝鼠饲养业发展成为了一个庞大的产业，目前在饲养场中生活着大约 300 万只毛丝鼠。因为它们昂贵的皮毛，这些毛丝鼠最终还是难逃被屠杀的命运。即使是我们家中饲养的毛丝鼠，也是来自这种饲养场。我们一般都会在家中养一只或者一对毛丝鼠，给它们准备一个大鸟笼或者一个干燥的窝，以便保证良好的通风效果。但是，穿堂风或者干燥的空调风也会给它们造成伤害。在笼底或者窝里，最好铺上从宠物店购买的专用干草。此外，它们还需要一个沙浴盆（铺上从宠物店购买的专用浴沙）和一个干草饲料槽，因为干草是它们重要的食物之一。另外，还必须为它们准备一个睡觉用的盒子。它们还需要两个架在高处的木条当作座椅。毛丝鼠是在夜间活动的动物，而且可以活到 22 岁的“高龄”。毛丝鼠特别喜欢玩耍和运动，因此千万不要成天将它们锁在笼子里，最好让它们在屋子里自由活动。

和其他动物一样，对于它们来说屋外也是危机重重。无论如何必须遵循一个基本原则：如果没有人看管，千万不要让它们独自在户外活动！

松鼠带给我们最大的快乐是什么?

松鼠科动物并不是温驯可爱的动物，但是观察它们的生活却是非常有趣的。松鼠科动物并不适合作为宠物，因为它们更习惯于独自生活。松鼠也是这样，它们也不适合

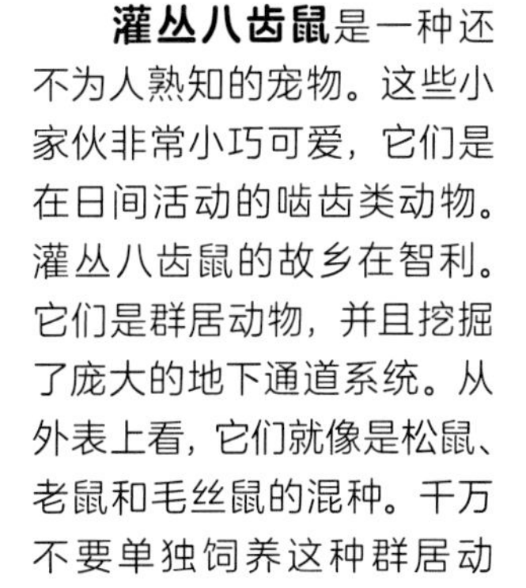

灌丛八齿鼠是一种还不为人熟知的宠物。这些小家伙非常小巧可爱，它们是在日间活动的啮齿类动物。灌丛八齿鼠的故乡在智利。它们是群居动物，并且挖掘了庞大的地下通道系统。从外表上看，它们就像是松鼠、老鼠和毛丝鼠的混种。千万不要单独饲养这种群居动物。如果你想养灌丛八齿鼠，最好去找专业的饲养专家、宠物店或兽医进行咨询。

作为宠物来饲养。我们经常饲养的是来自亚洲的花栗鼠。按照原产地，我们将它们分为中国花栗鼠、日本花栗鼠、韩国花栗鼠和西伯利亚花栗鼠。宠物店里的美国花栗鼠也越来越多。

松鼠科动物在日间非常活跃，通过驯养，它们也会变得非常温驯。花栗鼠需要一个大笼子，笼子的大小最少应为100cm×50cm×80cm，而且越高越好，这样才能在笼子里安置攀爬用的树枝和巢箱。如果你想养松鼠科宠物，最好同时养两只。它们会交替出现变化，渐渐变得不那么温驯，但是这会使观察它们更有趣。有时，它们还会制造点小麻烦，因为两只松鼠科动物之间的关系并非总是那么融洽。

哪种兔子适合作为宠物?

我们喂养的宠物兔子——“家兔”的祖先是欧洲野兔。欧洲野兔是群居动物，它们生活在自己挖掘的洞穴中。野兔的视力并不好，但是它们的听力和嗅觉异常灵敏，特别是它们的触须，甚至可以感觉到最细微的空气波动。兔子并不是理想的家庭宠物。即使你经常给它们洗澡，它们的味道还是比较难闻，所以最好还是在室外给它们建一个有护板的兔圈。兔圈的前面要用铁丝网或栅栏围住。即使是在室外喂养兔子，也必须保证它们能够得到足够的运动。母兔一般都比较温驯，你可以搂抱或者抚摸它们，但是公兔偶尔会咬人。如果你决定只喂养一只兔子的时候，就要给予它足够的关心和照料，因为这时你必须代替它的整个族群。

所有的小兔子都十分娇小可爱，纯种矮兔即使长大后还是很小巧玲珑。判断兔子年龄的最可靠的依据就是它们的耳朵：耳朵越长，兔龄越大。看耳朵的长短也可以辨别小兔子是不是矮兔的混种。矮兔可以在家中饲养。它们的笼子最少要70厘米长，45厘米宽。在温暖的季节里，最好让它们住在一个牢固的露天兔圈中。和其他宠物一样，经过人类的培育，兔子的品种也是多种多样。我们可以通过大小、颜色和皮毛的不同，将它们区分开来。如果你对这个问题有兴趣，可以向兔子养殖协会咨询。

雪貂与本章中介绍的动物不一样，它并非啮齿类动物，而是鼬科动物的一种。雪貂是人工驯化的野生鸡貂。古罗马人驯养雪貂作为捕鼠工具。现在这种聪明的动物越来越受人们的青睐，因为它们非常温驯，也能跟主人保持很亲密的关系。

家兔

英国垂耳兔

矮兔

一群野生的虎皮鹦鹉和它们的孩子

宠物鸟

鸟的寿命

在人类的照料下，鸟儿的寿命会比在野外生存的鸟儿要长得多。例如雀类，野雀一般也就能活两年，但是在人类的悉心照料下它们的寿命会长得多。有些鸟儿更是"高寿"，例如鹤、雕鸮和乌鸦能活到 70 岁，鹦鹉的寿命一般都在 60 岁至 100 岁之间。

为什么我们会对鸟儿如此感兴趣？

很久很久以前，人类就已经开始驯养观赏鸟。鸟儿可以用来观赏，有些鸟类甚至可以唱歌或者学会说几个词或几句话。

鸟类的踪迹遍布地球的各个角落。它们灵活的身体和极强的生存能力，使它们能很好地适应各种环境。鸟类羽衣下的皮下脂肪层可以帮助它们抵御寒冷和潮湿的侵袭。飞翔消耗了鸟儿大部分的体力，因此它们必须不断地寻找食物。脂肪层是鸟类的能量储备库，它们一般不会轻易消耗这层脂肪，但是这有可能会使它们过于肥胖，造成飞行困难。冬天，它们的食物会大大减少，鸟儿必须面临一年一度的饥荒，这时我们可以通过喂食给它们提供帮助。鸟儿会通过频繁的擦拭来清理覆盖它们全身的羽毛。这时它们的尾脂腺中会分泌出油性的分泌物，然后鸟儿将分泌物均匀地涂抹在全身的羽毛上。有的鸟类一年会换一两次羽毛，我们称其为换羽。鸟类的视力和听力与人类相仿，但是它们的嗅觉却退化了。鸟类的记忆力比较强，它们可以通过经验对事物进行储存记忆。根据种类和驯养过程的不同，鸟儿和它们主人的关系也亲疏有别。

怎样养鸟?

鸟笼越大越好：因为鸟类的天性就是飞翔。有些种类的鸟可以群养在一个大鸟笼或者鸟屋、花园鸟舍中。为了增加它们的安全感，笼底最好不要用透明的材料。此外，笼子里还必须给鸟儿设置一个藏身之处或者巢箱。但是最重要的还是，给它们搭建几根粗壮的横木或者树杈，这样它们就可以在上面栖息或者攀爬。

我们还需要为它们准备一个干净的装鸟沙的盘子，一个饮水的盘子，盘中的水必须每日更换，保持新鲜。另外，还需要为鸟儿准备一个洗澡专用鸟浴盆和一个饲料碗，也可以用自动投食机。大部分的观赏鸟都嗜食谷物，因此需要为它们准备由各种植物种子配成的专门饲料。它们最喜欢吃的是青饲料（菜的叶子和长毛箐姑草的嫩芽）和切成小块的水果。和食谷鸟的幼鸟一样，有的观赏鸟还必须吃昆虫的幼虫。

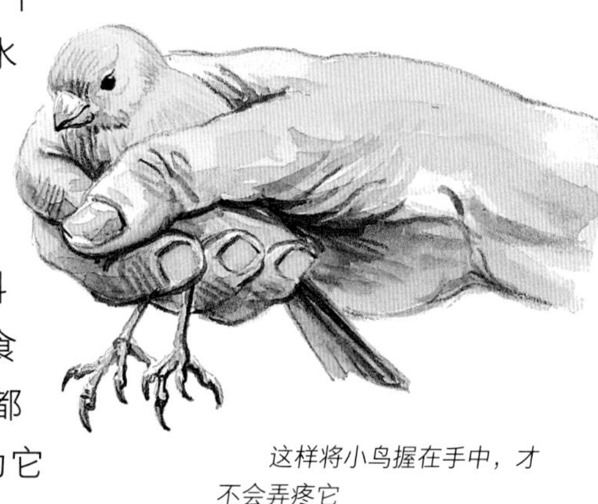

这样将小鸟握在手中，才不会弄疼它

下图所示的是花园鸟舍或鸟屋

新来的小鸟需要一个适应的过程。最开始的一两周，最好将鸟笼放在柜顶上，这样它们就可以从上方俯瞰它们的新家，并渐渐熟悉新的生活环境。之后，我们可以将鸟笼挂在与手臂同高的高度上，以便打理并与鸟儿进行沟通。有些种类的鸟儿，我们可以让它们在屋中自由飞翔，但是切记要关上门窗。如果它们飞出屋外，就再也不会回来了。同时，还要特别注意家里的窗户，因为鸟儿看不见玻璃，所以

鸟　笼

在野外，虎皮鹦鹉群延绵数公里，它们一起飞翔，寻找食物和水源。因此像上图所示，将它们关在如此狭小的鸟笼中，是完全不符合它们的习性的。作为群居的鸟类，虎皮鹦鹉需要活动场所和同伴。如果你想喂养虎皮鹦鹉，请一定要给它们足够的活动空间和最少一两只同伴。

它们会经常撞到上面。

我们知道，不是所有的鸟儿都可以和平共处一室，有些种类的鸟儿会互相争斗甚至杀死对方。虎皮鹦鹉可以和鸡尾鹦鹉、桃面爱情鹦鹉、金丝雀、黄雀、文鸟以及花雀和平共处。多对虎皮鹦鹉也可以生活在一个笼子里。文鸟也是和平主义者，它们可以和大多数小鸟共同生活。鹩哥和白腰鹊鸲、掠鸟可以相安无事地生活在一起。

宠物鸟

购买宠物鸟时，首先一定要仔细地检查你看中的鸟儿。如果它的羽毛支棱着，垂着翅膀闭着眼睛躲在鸟笼的角落里，那么它不是累了就是病了。轻轻吹一下鸟儿胸前的羽毛，看看羽毛下的皮肤是否发红或起皱。此外，还必须看看它的眼睛是否清澈干净。鼻孔的黏液和黏连的羽毛说明鸟儿感冒了，或是患上了肠道疾病（腹泻）。粗糙而且皮屑较多的爪子也说明鸟儿身体有恙。

伦敦。从此，这种鸟儿越来越受大众的欢迎和喜爱。很快，英国人开始从澳大利亚进口数以千计的虎皮鹦鹉。但是，因为其中的大部分都死在了运输途中，所以澳大利亚政府严禁出口虎皮鹦鹉。在那时，欧洲人已经学会了怎样驯养这种鸟儿。之后，他们培育出了除野生的黄绿色虎皮鹦鹉之外，其他各种各样色彩斑斓的新品种。至今为止，人们已经培育出了大约 300 种虎皮鹦鹉。但是，它们羽毛的基本色都是绿色、黄色、白色和蓝色。

色彩缤纷的虎皮鹦鹉

虎皮鹦鹉是怎样传到欧洲的?

18 世纪末，英国人将囚犯发配到澳大利亚。那些囚犯在那儿发现了成群的黄绿色鹦鹉。因为它们羽毛的颜色杂乱而缤纷多彩，所以就将这种与鹦鹉有亲缘关系的鸟儿命名为“波浪”，即我们常说的虎皮鹦鹉。

后来，囚犯和他们的后裔们开始在鸟笼中驯养这种鸟儿。1840 年，英国著名鸟类学家兼画家约翰 · 古尔德，首次将虎皮鹦鹉带回伦敦。

作为群居的鸟类，虎皮鹦鹉喜欢和它的同类共同生活，或者至少可以和能与它和平共处的其他鸟类生活在同一屋檐下。如果你想教虎皮鹦鹉说话，就必须单独进行饲养，而且必须从它三周大的时候开始进行调教。但是这样一来，你就必须花更多的心思来照顾它。此外，你还得非常有耐性，因为你必须每天在它面前频繁地重复你想教给它的话。玩具和小镜子可以帮助虎皮鹦鹉打发时间。它们非常喜欢和人亲近，也非常温驯。为了寻找食物，野生虎皮鹦鹉会在地上跑来跑去。驯化了的虎皮鹦鹉也一样，因此在走路和开门的时候，你要特别当心，千万不要踩到或夹到它们。如果你能悉心照顾你的虎皮鹦鹉，它们就有可能活到 15 岁，甚至 20 岁的“高龄”。

根据它们的羽毛，我们很难判断它们的性别，但是对于成年鹦鹉，我们可以通过它们鼻孔周边的肤色差异做出判断。雄性鹦鹉那里的肤色呈深蓝色，而雌性的为浅蓝色直到深咖啡色。

为什么有的鹦鹉要叼拔自己的羽毛？

特别是那些较大的鹦鹉，包括某些笼养的鸟儿，有时会叼拔自己的羽毛。它们把自己的羽毛拔得半光。究其原因，通常是因为它们感到孤独、乏味、鸟笼太小、没有足够的攀爬空间、缺乏户外活动。你可以给它们配置一些“叼咬树枝”（一种专门用于饲养鸟类宠物的工具）来分散它们的注意力。当然，你也可以和它们多多接触来消除它们的孤独感。我们必须清楚：鹦鹉是群居鸟类，它们需要伙伴。如果将它们关在笼子里，你就必须代替它的鸟类伙伴。鹦鹉会渐渐长大，它的要求也越来越高：它需要更大的笼子，笼子里

鸡尾鹦鹉

一对大红色的金刚鹦鹉

灰鹦鹉

如胶似漆的桃面爱情鹦鹉

必须有睡觉的地方和供它攀爬和栖息的树枝，此外它们还需要足够的运动。

并非所有鹦鹉都喜欢它们的邻居。美丽的澳大利亚鸡尾鹦鹉长着独特的头冠，它们会通过尖叫警告它们的邻居。尽管如此，它们却是天生的语言艺术家，虽然这些“语言”并没有什么特别的意思。而美丽的绿色花头鹦鹉则更加安静，更加敏感。

来自非洲的“情侣鹦鹉”是有名的大嗓门。这种身披闪亮绿色羽毛的“爱情鸟”，胸部长着红色或黄色的绒毛，而且它们头顶上的羽毛也是五颜六色的。情侣鹦鹉总是成双成对地紧紧依偎在一起。正如它们的名字一样，人们也总是饲养成对的情侣鹦鹉。

语言艺术家

会说话的虎皮鹦鹉能带给人很多乐趣。但是要教会它们说话，需要极大的耐性。它们并没有灰鹦鹉、鹩哥或是美冠鹦鹉那样的语言天赋。此外，许多虎皮鹦鹉很可能具备其他特别的天赋，而在学习语言方面毫无兴趣。你的虎皮鹦鹉健康活泼，温驯听话，和你关系融洽，这才是最重要的。

练习说话

开始的时候应该挑选几个简单的词语，每天在虎皮鹦鹉面前，不停地用同种声调重复朗读这些词语。时间长了，它就会尝试着模仿你。当然，它们并不知道自己在说什么，但是它们可以学会在特定情况下说特定的句子，这时我们会觉得特别滑稽有趣。

谁最先饲养金丝雀?

早年，金丝雀一度成了西班牙修道院中最受欢迎的娇客。很快，金丝雀被贩卖到各个国家，但是起初被贩卖的只是那些拥有动人歌喉的雄性金丝雀。西班牙人垄断了金丝雀的买卖，他们是那个时代唯一的金丝雀供应商，通过贩卖金丝雀赚取了巨额利润。

人们饲养金丝雀的初衷，是为了聆听它们美丽的歌声。“哈尔茨颤音金丝雀”因其异常柔和优美的歌声而闻名于世，它们是19世纪居住在德国舒尔茨山区的人，在闲暇时为了打发时间而驯养的。

很快，通过人工培育，颤音金丝雀也披上了色彩缤纷的羽衣，并成了金丝雀一族中的新宠。它们原生的绿色羽毛最终演变成了黄色。18世纪就已经出现了黄绿色混杂的、颜色各异的金丝雀和冠金丝雀。直至20世纪，人们才培育出了羽毛纯黄的纯种金丝雀。通过让这种金丝雀和来自南美洲的黑头红金翅雀杂交，人们还可以培育出身着红色羽毛的金丝雀。

各种各样的金丝雀；从右数第二只是来自德国哈尔茨的颤音金丝雀

至今，人们已经培育出了40多个品种的金丝雀，它们都非常容易饲养和驯化。

为什么文鸟和花雀如此受欢迎？

文鸟是彩色的珍宝，它们中的大部分都是优秀的歌手。文鸟的故乡是非洲、亚洲和澳大利亚的热带地区，因此它们必须生活在非常温暖的环境中。文鸟是非常忠贞不渝的动物，它们总是出双入对，紧相依偎，因此最好将它们群养在一个大鸟笼中。饲养文鸟并不麻烦，但是要注意的是它们对噪音很敏感。尽管文鸟的寿命可以达到 12 岁，但是由于饲养方法不当，很多文鸟都会过早地死去。

温驯的非洲蓝饰雀就没有那么敏感，对于刚开始养鸟的朋友来说，它们无疑是非常适合的宠物鸟。非洲蓝饰雀属于梅花雀科鸟类。与它的近亲橙颊梅花雀或者黑腰梅花雀一样，它们的主要食物是种子和青饲料。此外，还可以给它们吃蚂蚁和黄粉虫，这样可以使它们的声音更为动听。其他的非洲文鸟有歌声优美而悲伤的绿翅斑腹雀，咽喉部长有醒目红斑的环喉雀，还有热爱和平、温驯的银嘴鸟。银嘴鸟中，只有雄鸟才会唱歌。亚洲文鸟也非常受欢迎，其中最受大众青睐的是长着强有力的红色尖嘴的灰文鸟，以及胸部长着红白斑点的印度红梅花雀。色彩斑斓的太平洋－澳洲文鸟（大都是这些地区的本地人饲养的）中，花枝招展而又快乐的斑胸草雀独占鳌头，这种草雀非常适合初试养鸟的人饲养。

织布鸟为何备受瞩目？

织布鸟是文鸟和麻雀的近亲。最有代表性的是，它们修筑有入口通道的美丽鸟巢，织布鸟的巢看起来就像是一只只装满了东西的长筒袜挂在枝头。在它们的故乡，人们可以在一棵树上看到 200 多个织布鸟鸟巢，因为它们是群居鸟类。在非洲的热带地区，在马达加斯加以及印度和澳大利亚的某些地区，生活着 100 多种这种和麻雀一样大的身着红黄盛装的小鸟。如果你想要养织布鸟，记住请至少养一对。此外，还必须尽可能给它们提供筑巢的原材料，例如青草、干燥的木棍、短的椰壳纤维和一些过滤棉。当你备齐上述材料之后，只需要稍许运气，你就可以亲眼观察到雄性

文鸟看上去非常美丽，让人赏心悦目

换　羽

随着时间的流逝，鸟儿的羽毛也在不知不觉中慢慢损耗；羽毛会慢慢磨损，越来越难看，还会逐渐丧失承载力和绝缘能力。因此，鸟类会经常定期更换它们的羽毛，换羽大都在春季和秋季。通过换羽，鸟类会改变它们的外貌，褪下旧羽，换上绚丽的求爱装或者配合季节穿上伪装迷彩服。

每只织布鸟筑的巢都不一样

织布鸟筑巢的全过程。它们经常将 1 000 多种材料编织在一起，直至它们漂亮的鸟巢完工。但是，所有巢的“模板”都是织布鸟天生就储存在头脑中的。

最适合新手喂养的鸟儿是非洲红嘴奎利亚雀。无论是否有雌鸟在旁，雄性红嘴奎利亚雀都会不厌其烦地、精心地编织它们侧面开有入口的球形鸟巢。

谁是鸟类中的模仿冠军?

鸟类的“模仿”即是指它们对于声音的模仿。鹩哥是毫无争议的模仿冠军，它们的原产地是南亚。与它们超强的模仿天赋相比，即使是鹦鹉也只有自惭形秽了。这种体形较大的、长着黑中透绿闪亮羽毛的鸟儿总是喋喋不休，它们不停地唱歌、吹口哨、鸣叫、哼着未知的旋律，没有任何一种其他鸟类可以做到这一点。它们听到什么，就会模仿什么。鹩哥甚至能够惟妙惟肖地模仿人们说话的声调，这着实让人难以辨别究竟是鸟语还是人声。

尽管如此，饲养鹩哥却并不是一个最佳选择，因为它们需要一个极大的笼子，而且鹩哥本身的价格也非常昂贵。

此外，人们还必须花费很多时间和它们说话，照顾它们。它们尖锐的叫声也会使邻居感到不悦。最重要的是在其原产地，鹩哥已是濒临灭绝的珍稀物种。另外一种鸟儿也是优秀的歌唱家：白腰鹊鸲，它可以替代鹩哥作为你家中的宠物歌手。白腰鹊鸲产于印度、泰国及东南亚群岛。白腰鹊鸲也是天赋极高的模仿者。

当然，中国夜莺也是个不错的选择。相对而言，中国夜莺（也称作相思鸟）是更好的歌唱家。

疾　病

如果鸟屋内不能保持干净卫生，就会马上滋生出许多寄生虫，如鸡皮刺螨、跳蚤和虱子。鸟儿会因此日渐消瘦，不停地挠来挠去，特别在晚上，它们都会烦躁不安。除此之外，对于鸟类来说，直射的阳光和穿堂风也是很忌讳的，因为受凉而引起呼吸道发炎是鸟类最易患的疾病。除此之外，肠道寄生虫也是一大隐患，因此还必须给鸟儿定期杀虫。如果鸟儿病了，基本的注意事项是无论鸟儿患了何种疾病，请立刻向兽医咨询，因为外行人只会使鸟儿病情加重，并且使治疗变得更加麻烦。

鹩哥

水下世界

为什么要购买水族箱?

公元 17 世纪，人们将第一批外国鱼类，从遥远的异国他乡运回欧洲。最初，这些鱼儿只是被高贵而富有的上流社会当作观赏鱼饲养。今天，许多人都为这些鱼儿绚丽的颜色、优美的形体和千姿百态的动作而着迷，有些人还将水族箱中的鱼儿作为房间里的装饰。

许多观赏鱼只能活两到三年，而实际上在大自然中有些鱼类可以活到很大的年纪，例如狗鱼、鲇鱼、鲤鱼和鲟鱼可以活到 50 岁、80 岁甚至 100 多岁。鱼类的视力极好，能分辨不同的颜色。它们的嗅觉也极为灵敏。此外，它们的听觉也不错。有些鱼是通过产卵来繁育后代的，而且产卵之后它们并不会死去。大多数情况下，雌鱼在水中产完卵，然后任由鱼卵在水中漂浮，接着雄鱼会将精子排在鱼卵上，使其成为受精卵。之后，受精卵会附着在植物上、石头上或者水底，在这里它们会继续成长。有些鱼类，例如德国本地的棘鱼，它们会为其受精卵修筑一个正规的洞穴，并在这里等待着它们孵化，然后长时间照看它们的孩子。这些鱼产卵后并不会死去，它们的孩子可以在水族箱中自由遨游。有的鱼类为了照顾自己的孩子，甚至将它们放在嘴里，直至幼鱼长大为止。即使是生活在水族箱中，幼鱼的生命还是会受到威胁，因为它们经常会被肉食鱼类，或者它们的亲生父母吃掉。而有些幼鱼就不会遇到这种危险，例如古比鱼，它们就不会“骨肉相残”。

热带水族箱是一个非常有趣的观察地。在这里，人们可以欣赏到很多色彩斑斓的鱼儿和千姿百态的水下植物。实际上，水族箱还是房间中一个美丽的装饰

怎样建一个水族箱?

在一些餐馆里，我们经常可以见到巨大的水族箱，箱中饲养着海胆、珊瑚、五颜六色的蝴蝶鱼和其他热带海洋生物。这种水族箱给我们留下了深刻的印象，但是它对新手来说并不适合：打理海水水族

水族箱的养护

为了保持水族箱内干净，避免鱼儿生病，定期打理水族箱是非常重要的。每周必须清理一次水族箱。清理之前，一定要将电源插头都拔掉。水族箱的玻璃一定要用专用水刮器清理。水族箱里的植物残渣，必须彻底清理干净。过滤装置必须用清水冲洗。此外，还应将水箱中 1/3 的水抽出，换上干净的水，水的温度和人的体温相近即可。清洁剂的残留物会引发鱼类的疾病，因为对于鱼来说，它们就是毒药。因此，不要用家里做清洁的桶，而应专门为清理水族箱准备一套工具和器械。

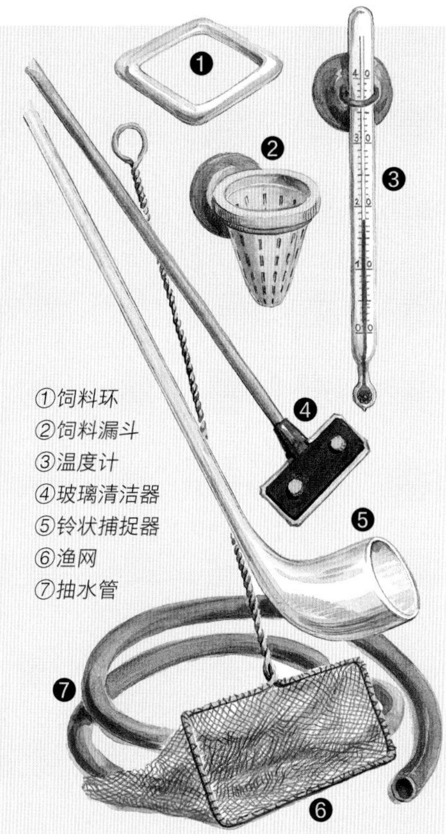

箱需要很多时间和金钱，也需要丰富的经验。相比而言，淡水水族箱就好打理多了。在水温为 15℃至 19℃的冷水水族箱里，我们可以放上几条金鱼，或者中国本地产的金鱼或其他鱼，观察它们有趣的行为。如果你想在家中养上几条来自国外温暖地带五颜六色的鱼，那么鱼缸中的水温就需要保持在 23℃至 27℃之间。这时，就有种类数以百计的观赏鱼可供选择，其中有的是经过驯养的野生鱼类，有的则是人工饲养的特别品种。

鱼儿的种类和数量决定了水族箱的大小。人们必须知道，他们饲养的鱼儿习惯于独处还是群居，它们的繁殖能力究竟有多强。此外，还必须依据宠物鱼身长的最大值计算它们所需要的水量。例如，如果你想饲养 20 条孔雀鱼。而孔雀鱼最长为 5 厘米，你就得给这 20 条孔雀鱼准备 5×20，即 100 升水。计算好水量才能购买大小适中的水族箱或鱼池。如果财力允许的话，最好尽量买大一点的水族箱，这样在以后的饲养过程中就会少一些不必要的麻烦。

共同生活

水族箱中的鱼儿来自天南海北，在自然界中，它们根本很难有机会生活在同一片水域。因此，它们对于水质、温度和生活环境的要求各不相同。所以，在购买观赏鱼的时候，最好能向经验丰富的宠物商咨询，弄清楚究竟哪些鱼儿可以共同生活在一起。

热带水族箱中的情景

和人类一样，鱼类也需要氧气。但是它们并非直接从空气中摄取氧气，而是通过它们的腮从水中滤出氧气。为了给水中补充氧气，我们可以种植一些水下植物或者安装一个换气机。

此外，水族箱中还必须安装一个过滤器，用来保持水质的洁净。照明设施、供暖设施、温度计、计时器、清洁器具、水下植物和饲料也是必不可少的。最好是一次性买齐整套设备，即配备有水过滤器、供暖设施、适宜的照明设施的水族箱。而这些初置设备加上宠物鱼，可能会花费你好几千人民币。专业的宠物店会提供给顾客专业意见，指导他们正确地购买和安装水族箱，并告诉他们对于初学者应该购

雄棘鱼在水底筑巢，然后雌鱼会将卵产在其中
雄棘鱼还会负责之后养育后代的工作

冷水水族箱中的植物

①水鳖
②狐尾藻
③加拿大伊乐藻
④浮叶慈姑
⑤日本碎米芥
⑥水藓
⑦蓝色号角蜗牛
⑧椎实螺

一条雄性鳑鲏鱼正在守护它的领地——贝壳，这是它为后代精心挑选的“家“

银色鲌鱼没有什么要求，它们生活在冷水水族箱中，热衷于捕食昆虫

买哪些种类的鱼儿。例如，有些鱼类很难共处，而有些鱼类对水的质量则非常挑剔。对于那些习惯于群居的鱼儿，如果只是单独养上两三条，它们就会很快死去。

哪些鱼类生活在冷水水族箱中?

众所周知，金鱼是最适合初学者在水族箱或池塘中饲养的宠物鱼。金鱼的种类纷繁芜杂，但纱罗尾金鱼却是一个特例，饲养它们则比较困难。金鱼是杂食动物，它们什么都吃：干饲料、活物或植物都在它们的食谱之内。

鳑鲏鱼比较便宜。这是一种非常漂亮的小鱼，它们的背脊闪着灰绿色的光芒，体侧则是银白色的鳞片。它们的身上有绿色的纵向条纹，而且长着淡红色的鳍。每年 4 月份到 6 月份，雄鳑鲏鱼就会身着色彩绚丽的“婚礼盛装”，以此来吸引雌鱼的注意。在这个时期，雄鳑鲏鱼是蓝紫色的，其腹部则是橙色或红色。

棘鱼养育后代的行为非常有趣。在池塘、沼泽、水沟或者沿海地区的河流入海口，都可以见到它们的身影。棘鱼的名字源于它们背上的刺。从 4 月份直至盛夏，雄鱼身着华丽的“婚礼盛装”，红色的腹部闪闪发光，它们身体的上半部和它们的眼睛都呈现出迷人的绿色。在这段时间，一向爱好和平的雄性棘鱼会变得极其好斗，它们之间经常会展开激烈的战斗。战败者会逐渐褪去颜色，而胜利者的身体会膨胀变大，全身呈现出亮丽的鲜红色。之后，雄棘鱼会在水底用植物和黏性的分泌物修筑一个拱形的巢，并在巢边跳起求偶的舞蹈，吸引雌鱼来巢中产卵。然后，雄棘鱼会长期照顾它们的后代。它们会给巢里更换新鲜的水，挑出腐坏的卵，并将孵化出的幼鱼含在嘴里，将其带回巢中。

新手适合饲养哪些温水鱼?

对于鱼类爱好者来说，可供选择的宠物鱼的范围是非常广泛的。但是，最受大众欢迎的还是“百万鱼”——孔雀鱼，这是一种来自南美洲北部的群居鱼类的后裔。一般的孔雀鱼非常容易饲养：一只雌孔雀鱼每 3 周就会产下 100 多条幼鱼——并非是鱼卵，而是体形极小的活生生的小鱼儿。

水族箱中的植物

水族箱中的植物不仅是一种装饰，它们还有非常重要的功用：水中的一部分氧气是由它们制造的，而对于鱼类来说，这些氧气是必不可少的。此外，水下植物还能过滤水中的有害物质，并给鱼儿提供一个藏身之地。水下植物的生长速度很快，它们可以在几个月之内占满整个水族箱。因此，最初的时候，我们只需要放置几株幼苗在水箱中即可。

身有条纹的斑马鱼，身披美丽图案的慈鲷鱼，身着闪光色彩、让人联想到霓虹灯的霓虹灯鱼，扁平的神仙鱼，蓝黑色的帝王灯鱼，它们绚丽的色彩和体表美丽的图案让人着迷。而鲶鱼因其独特的“小胡子”给人留下了深刻的印象，我们称鲶鱼的胡子为触须。这种触须的作用非常重要。当鲶鱼在池底寻找食物时，它的触须可以作为传感器派上用场。在水族箱中，美鲶科鱼类就能找到它们的用武之地，因为它们都是吃海藻的能手。在消灭水族箱中多余藻类的这项工作中，黑摩利鱼也可以助美鲶科鱼类一臂之力。

神仙鱼特别喜欢温暖的生活环境

攀鲈鱼是一种与众不同的鱼类，除了腮之外，它们还生有一个附属的呼吸器官，这样它们就可以直接从空气中摄取氧气。所以，攀鲈鱼非常喜欢跃出水面，因此在饲养攀鲈鱼时一定要将鱼缸盖好。

热带水族箱中的鱼儿：左上：黑摩利鱼；右上：孔雀鱼；左下：霓虹灯鱼；右下：鲶鱼

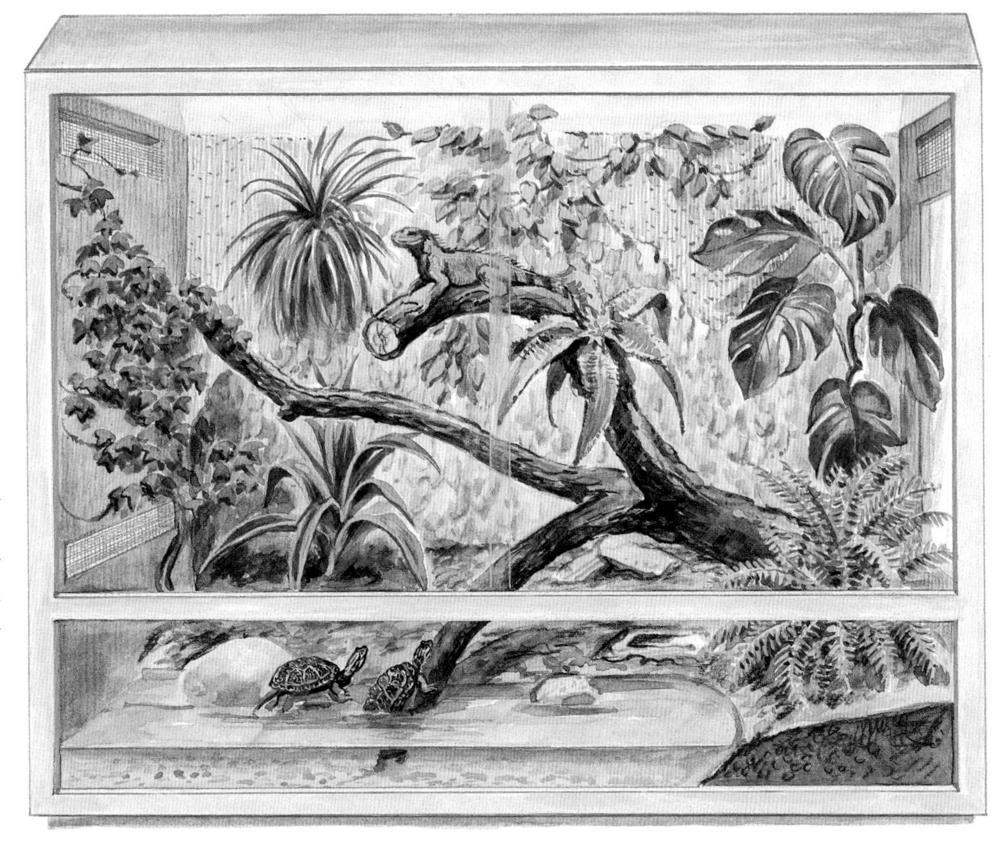

河岸水族箱包括岸上部分和水下部分。它是大自然的一幅剪影。当然，饲养者必须针对箱内环境选择合适的宠物进行喂养

起居室中的饲养箱

我们可以在动物饲养箱中饲养哪些动物?

想观察老鼠和青蛙放在立体音响旁的反应吗？想看壁虎如何掠过岩石吗？想观察藏身于热带植物中的五颜六色的蛇，或者看乌龟经过热水浴后体温慢慢升高吗？如果你拥有一个陆上动物饲养箱，那么所有这些愿望都会变成现实。有了这样一个饲养箱，你会亲眼观察到生态变异和体态变化的奇迹。许多两栖动物的幼体，例如蝾螈和青蛙的幼体，它们（蝾螈幼体和蝌蚪）是在水中从卵中孵化出来的。幼体没有腿，而是生长着尾鳍。这时它们没有肺，而是通过腮呼吸。几周之后，它们就可以通过肺来呼吸，这时它们会生长出一套新的血液循环系统。而我们所说的无尾目，在成长过程中就会慢慢失去它们的尾巴。然后，它们会在岸边寻找洞穴，并在水中产下柔软的黏糊糊的卵。两栖动物都是猎手，它们捕食昆虫、螃蟹、千足虫、蜘蛛和蜗牛。

水龟并不属于两栖动物，虽然它们也喜欢生活在潮湿的环境里。和乌龟、蜥蜴、鳄鱼、蛇一样，人们将其归于爬行动物之列。

爬行动物也产卵，但是它们都在陆地上产卵，而且它们的卵都由一层坚硬的外壳保护着，以免其脱

两栖动物

Amphibios（Amphi 为双倍，bios 为生命）这个单词在希腊语中意为两条命。青蛙、蝾螈这些动物之所以被称为两栖动物，其原因就在于当它们是幼体时生活在水中，而当它们长成后则生活在陆地上。

水干枯（也有许多爬行动物是直接产仔的）。爬行动物的幼崽不会经历变形阶段。与生有柔软湿润的皮肤的无尾目动物相反，爬行动物干燥的皮肤生有角质鳞片，用来进行自我保护。

两栖动物和爬行动物都是变温动物，它们的体温随着环境温度的改变而发生变化。但是，它们和鸟类与哺乳动物一样，都是脊椎动物。而昆虫和蜘蛛却属于节肢动物，尽管它们也喜欢生活在陆上动物饲养箱中：因为它们没有脊柱，也完全没有骨骼，而是用一层坚硬的外壳来保护身体的。

怎样区分各种各样的陆上动物饲养箱？

陆上动物饲养箱的种类繁多。在水下饲养箱中一般都只有一小块陆地，而箱中大部分都是水，这种饲养箱非常适合饲养龟鳖、蝾螈和青蛙。热带雨林饲养箱中密植着热带植物，在这种温暖潮湿的环境中，生活着五彩斑斓的树蛙和树蛇。而沙漠饲养箱中既干燥又温暖。沙漠饲养箱中一般都用细沙铺底，再放上几块石头和植物根茎。有时也会栽种几株耐旱的植物，例如滨枣。竹节虫、捕鸟蛛、非洲刺毛鼠和沙鼠都非常喜欢这种生活环境。岩石饲养箱中最主要的道具就是多孔的石头，只是在箱底铺些细沙。这里是壁虎最喜欢的地方。

这里我只能做一些简要的说明。在放置饲养箱，调整箱内的湿度和温度时，都必须按照将要在箱内生活的动物的生活习性进行设定。与鸟类和哺乳动物不同，这些生活在陆上动物饲养箱中的动物，它们并没有很强的适应环境的能力。所以，饲养人最好能将它们在大自然中的生活环境照搬到饲养箱中来，例如沙漠、荒原、草地、岩石、湿地或热带雨林。

购买和放置饲养箱时应该注意些什么？

在你将几只色彩缤纷的异国动物领回家前，有几点是你必须注意的：你是否有一个足够大的陆上动物饲养箱？在你家附近能否买到合适的饲料？你是否愿意另建一个小型动物饲养场？许多生活在饲养箱中的动物都喜欢活的食物，而饲养这些活的饲料也并不是一件容易的事。

按照当地物种保护条例，捕猎和饲养当地的两栖动物和爬行动物的行为可能是严令禁止的。因此宠物箱中只允许饲养热带或亚热带动物。人们必须给宠物创造适宜的生活环境，使它们生活舒适。空气调节器是必不可少的，否则宠物们会拒绝吃食，它们就会很快生病甚至死亡。每年都有成千的动物死在垃圾桶或者厕所里，因为它们的主人不懂怎样正确饲养这些动物。在购买饲养箱之前，大家最好还是选择一些比较容易照料的动物，例如乌龟或壁虎。通过饲养这些动物，我们可以

捕鸟蛛名声很坏，但是这个坏名声却是毫无来由的。它们不会对人类造成任何毒害，相反，一般来说，捕鸟蛛都是安静而友好的动物。对于那些患有“恐蛛症”或对蜘蛛细毛过敏的人，建议最好还是不要饲养蜘蛛作为宠物。只有那些对蜘蛛的生活真正感兴趣的人，才适合饲养捕鸟蛛。如果你只是想在熟人面前炫耀你所饲养的这只“危险的动物”，那么你最好还是尽早放弃吧。因为饲养捕鸟蛛也意味着一份长期的责任，这些蜘蛛可能活到 20 岁。

沙漠饲养箱中的植物

①仙人掌
②虎尾兰
③景天树
④龙舌兰

积累许多重要的经验，而这些经验对于我们以后饲养更为难养的动物而言，则是非常有帮助的。

选择正确的容器也是非常重要的。最好购买一个装有小门的玻璃饲养箱，以便对饲养箱进行清理擦拭、给动物喂食以及给箱中加水。

对于动物的健康来说，良好的通风环境也是一个十分重要的条件，因为潮湿的空气会使所有的东西都发霉。通风口和通气孔是必备的，在设置通风口和通气孔时必须注意，新鲜、凉爽的空气从下方进入箱中，而温暖不新鲜的箱内空气，则从上方的通风口中排出。通风口必须设置在箱体一侧或者相邻的两侧上，而不可设在相对的两侧箱体之上，以避免产生穿堂风，因为穿堂风对生活在饲养箱中的动物是有害的。

日光灯管是最常用的照明设施，在水族箱中我们也经常用到它。一般来说，20 瓦的日光灯管就够用。对于那些特别喜温的动物，例如壁虎，就必须额外安装一个发热管，让它们可以享受“太阳浴”。但是特别要注意的是：千万不要将饲养箱的某一部分，或箱中的植物直接暴露在灯光之下，以免箱体或箱中植物过热，导致箱中的小动物被晒死。箱中的水可以用电热棒加热，就像水族箱中一样。通过两个温度计和一个湿度计，我们可以更好地调节饲养箱中的环境，使它更适宜于宠物居住。

怎样在饲养箱中添置植物、石块或者木块，这还是取决于饲养箱的种类。配有供暖设备的水－饲养箱，我们可以在箱中的土壤里直接种植一些绿萝、蓬莱蕉、无花果树、挂兰、紫露草或者类似的植物。温暖的沙漠饲养箱中，则可以种植一些芦荟、棕榈树、龙舌兰或者滨枣。

无论如何，我们都必须在摆设饲养箱、准备饲养和照料宠物等方面咨询一下宠物店的专业人士，或者参看一些相关的专业书籍。此外，我们还必须弄清楚，怎样才是正确的捕捉和拿捏宠物的手势和方法，以免将它们弄伤。

清理饲养箱

经常定期清理饲养箱是非常重要的。每天都必须将箱中的食物残渣和粪便清理干净。另外，还必须经常清洁水盆，松松土。除此之外，还必须清理灯上的苍蝇粪，时不时地瞅瞅角落里是否有腐质滋生。

在求偶期，雄性山蝾螈体表会出现特别美丽的引人注目的图案

成年豹纹壁虎，它们的原产地在巴基斯坦

为什么有尾目两栖动物如此有趣?

有尾目两栖动物，例如蝾螈，都是在夜间活动的动物。在阴天，它们也会偶尔有那么一两次整天待在外面。它们喜欢凉爽潮湿、光线昏暗，并且由许多树皮、苔藓或长有苔藓的石头建成的藏身之地。有尾目两栖动物的家，最好是安置在凉爽的房间里，而一般来说起居室的温度偏高，不适合它们居住。

大多数陆地两栖动物，特别是欧洲的陆地两栖动物，都会在产卵期回到水中。雄性的求偶舞蹈特别有趣，在求偶季节，它们会身着鲜艳的彩色“婚礼盛装”，此外它们的背鳍会变得更为坚硬。交配之后，雌性陆上两栖动物会将卵产在水生植物上。因为两栖动物都喜欢破坏卵，所以，最好在它们产卵后，将卵和它们分隔开。在饲养箱中，人们经常饲养山蝾螈、西班牙水蝾螈和日本火腹蝾螈。蝾螈科的主要物种有美洲的大理石蝾螈、虎蝾螈和巴赫蝾螈。

为什么树蛙是当之无愧的天气预报专家?

树蛙喜欢阳光，因此它们习惯于爬上树枝，待在高处。在凉爽的阴天，它们更喜欢待在它们位于地面上的藏身处。由于它们的这些举动和习惯，人们就误以为树蛙可以预报天气。所以，人们常常将它们关在装有木梯的小玻璃箱中，而实际上，生活在这种环境中的树蛙是非常凄惨的。和所有蛙类、龟类及铃蟾一样，树蛙也属于无尾目，它们的共同点就是成年后都没有尾巴。它们的弹跳力和攀爬力都很出色。因此，它们生活的饲养箱应该尽可能设计得宽大一些，空间更高一些。

无尾目动物习惯于埋伏在暗处，待猎物出现就一口咬住不放，因此它们对于猎物的动作

饲　料

饲养箱中的动物最大的享受就是，可以在箱中自己捕猎食物，这符合它们的天性。蝴蝶和它们的幼虫，蚯蚓，蜗牛（含钙很高的食物）和鼻涕虫都是营养非常丰富的饲料——切记不要用花园中那些有毒的蜗牛作为饲料。

南美树蛙

希腊龟

反应非常敏感。体形较大的无尾目动物，甚至会抓捕比它们体形小的同类，因此在同一个饲养箱中最好饲养体形相似的无尾目动物。

树蛙和乌龟的数量越来越少，而且已经被列为保护动物。因此，如今我们都会购买进口的外国动物，例如绿树蛙，来自加利福尼亚的太平洋树蛙、捷蛙，产于北非的柏柏尔乌龟或者来自北美的草原龟或得克萨斯龟。在从外部加热的，配备有良好照明设施和大量植物的饲养箱中，我们也可以饲养色彩鲜艳的热带无尾目动物，例如喜欢爬树的彩蛙。它们习惯于生活在非常潮湿的环境中，因此在养有彩蛙的饲养箱中，每天都必须进行多次喷水，加以湿润。

为什么乌龟会经常生病?

许多人饲养乌龟的方法都是错误的。饲料种类太过单一，穿堂风和冰冷的地面都会使它们生病。大部分乌龟的活动量都很小，尽管它们的动作缓慢，看起来非常懒惰，但是它们却是饲养箱中最为活跃的动物。其他龟鳖类甲壳动物，例如源自北美和中美洲的巴西红耳龟和佛罗里达鳖，都是不易于饲养的动物。尽管我们在许多宠物店都可以买到这种乌龟，但是如果想保证幼龟健康成长，就必须给予它们特别的照料。其中最重要的就是保暖。

此外，我们还必须考虑到，成年龟的体形远远大于娇小的幼龟。因此，它们所需要的空间就会更大，相应地，需要的时间就会更多，往往比我们预想的还要多。

成年红耳龟

在冬天，乌龟都会进入冬眠状态。在野外，它们会在冬季藏身于极其隐蔽的地方。在家中饲养乌龟时，最好从10月份开始就将它们放在凉爽阴暗的地方，例如地下室。在冬眠时，许多乌龟会死去，因为它们胃肠中的食物残留会逐渐腐烂，从而导致内脏发炎坏死。为了避免这种悲剧，在乌龟冬眠的前一周最好不要给它们喂食，还可以给它们洗热水浴，促使它们将肠胃中的粪便排空。让乌龟冬眠最好的办法是，准备一个装有防蝇网的封闭的箱子，箱中铺上沙泥混合物，并

昆　虫

昆虫王国中越来越多的居民，来到了人类的饲养箱中。因为一方面，竹节虫、沙漠甲虫、中欧螳螂和蟋蟀

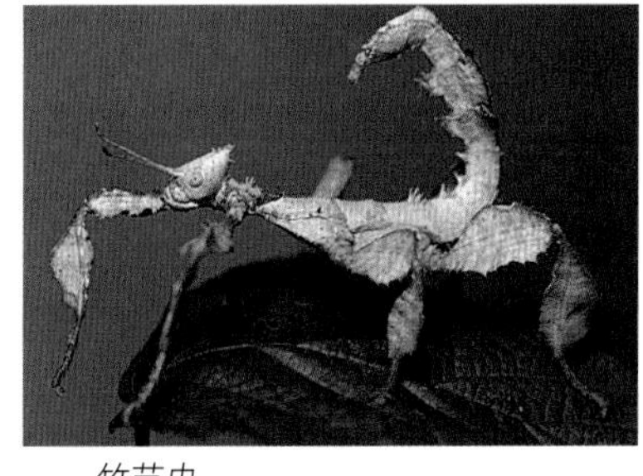

竹节虫

都是比较容易饲养的昆虫，而另一方面，观察这些昆虫的生活又是非常有趣的。但是，这些昆虫的习性和要求各不相同，因此饲养这些昆虫之前一定要阅读一些专业书籍。

在其中混入大量干燥的树叶。然后将乌龟放入箱中，并将箱子存放在寒冷的地下室中，温度控制在8℃左右为宜。

之后，我们还必须经常检查箱子，因为有些乌龟会中途醒来，不再继续冬眠。这时我们可以将它们从箱中取出，带回到温暖的房中，然后开始给它们喂食。

失去尾巴的蜥蜴是否还能生存下去?

为了迷惑敌人，蜥蜴经常会舍弃它们的尾巴。尾巴在脱离身体之后还会扭动一段时间，以此吸引敌人的注意力，直至蜥蜴成功逃亡——这是大自然孕育的伟大的自卫技巧。几周之后，蜥蜴会长出一条新的尾巴，虽然并没有原来的尾巴那么长，那么漂亮。

蜥蜴都是攀爬高手，因此饲养者必须尽量使用大的饲养箱，而且必须将其盖紧。对于经常给它喂食的人们，蜥蜴会慢慢熟悉他们。蜥蜴的主要食物是蜘蛛、苍蝇、甲虫、小虫子、蟋蟀、蝗虫和黄粉虫等等。对于壁虎，例如亚洲家壁虎或豹纹壁虎，我们一般都会给它们布置一个岩石饲养箱，箱中给它们设计许多藏身之处。动作熟练的壁虎可以轻易地在垂直的玻璃上爬上爬下，一显身手。

养蛇时应该注意些什么?

蛇类都是天生的猎手，因此我们还要给它们准备猎物，让它们能够将猎物连皮带毛囫囵吞下。对于初养宠物的人来说，游蛇是一个很好的选择，因为它们体形较小，无毒，而且对环境没有什么特殊的要求。但是，德国本地的游蛇是受保护的动物。宠物店里我们可以买到进口的游蛇，例如无毒的花纹蛇，它们主要的食物是蚯蚓、小鱼和小老鼠。

如果受到悉心的照料，蛇会和饲养者建立起非常亲密的关系。

攀岩艺术家

蜥蜴的趾尖都长着锋利的倒钩，因此它们可以毫不费力地在非常平滑的墙壁上攀爬。

马达加斯加日行守宫

许多种类的壁虎都可以在光滑的玻璃上爬来爬去，因为它们都有特殊的脚爪。它们的脚趾都有坡度，而且底部还长满了无数横向排列的细密倒钩。

蜕　皮

在蜕皮期，蛇类需要一个安静而温暖的环境。它们生活的河岸饲养箱中必须配有供它们洗澡的设施，还必须装备错落的植物和树杈，以便蛇在蜕皮时可以更方便地将死皮脱去。

花纹蛇甚至可以长达100厘米